Mona Wiezoreck

Gründen aus der Arbeitslosigkeit

Mona Wiezoreck

Gründen aus der Arbeitslosigkeit

Vom Rückschlag zum Aufschlag

Mentoren-Verlag

Der Verlag weist ausdrücklich darauf hin, dass im Text enthaltene externe Links vom Verlag nur bis zum Zeitpunkt der Buchveröffentlichung eingesehen werden konnten. Auf spätere Veränderungen hat der Verlag keinerlei Einfluss. Eine Haftung des Verlags ist daher ausgeschlossen.

Bibliografische Information der Deutschen Nationalbibliothek
Die Deutsche Nationalbibliothek verzeichnet diese Publikation in der Deutschen Nationalbibliografie; detaillierte bibliografische Daten sind im Internet über http://dnb.d-nb.de abrufbar.

1. Auflage

Königsberger Str. 16, 55218 Ingelheim am Rhein

Lektorat: Marie Schumacher, Leipzig
Korrektorat: Deniz S. Özdemir, Mainz
Umschlaggestaltung: Nadine Nagel, Mainz
Autorenfoto: Fotogen Fotostudio - Gudrun Bertram, Aachen
Satz und Layout: Sarah Küper, Mainz
Druck und Bindung: Balto Print, Vilnius, Litauen

ISBN: 978-3-98641-139-8

www.mentoren-verlag.de

Inhaltsverzeichnis

Vorwort von Prof. Dr. Tessa Flatten

Gründen ist ein Thema, das oft mit Unsicherheit, Angst und Zweifeln verbunden ist, aber gleichzeitig auch eine riesige Chance birgt: die Möglichkeit, etwas Eigenes aufzubauen, den individuellen Weg zu gehen und sich selbst zu verwirklichen. Eine der größten Herausforderungen ist dabei der Umgang mit der eigenen Unsicherheit, denn auf Gründer warten zahlreiche Herausforderungen. Gleichzeitig verändert sich die Unternehmenslandschaft ständig und erfordert die Fähigkeit, sich unvorhergesehenen Hindernissen anzupassen – das wissen wir spätestens seit der Corona-Pandemie. Mit dem finanziellen Druck umzugehen, ist ebenfalls eine große Herausforderung, schließlich ist es nicht leicht, von heute auf morgen allein dafür verantwortlich zu sein, dass stets genügend finanzielle Mittel zur Verfügung stehen, um das Unternehmen am Laufen zu halten.

Meiner Meinung nach ist Gründen dennoch in den meisten Fällen eine gute Idee – das mag sich zunächst paradox anhören, insbesondere wenn man beispielsweise gerade den Job verloren und mit finanziellen Unsicherheiten zu kämpfen hat. Doch gerade in solchen Momenten sollten wir uns daran erinnern, dass die größten Erfolge oft aus den schwierigsten Situationen heraus entstehen. Denn die Arbeitslosigkeit ist nicht das Ende, sondern oftmals auch der Anfang einer neuen Reise.

Gründen bedeutet nicht nur, eine gute Idee zu haben, sondern auch den Mut und die Entschlossenheit, diese Idee in die Realität umzusetzen. Darüber hinaus ist Gründen nicht nur eine Chance, eine neue Einkommensquelle zu schaffen, sondern auch eine Gelegenheit, sich persönlich und beruflich weiterzuentwickeln.

Als Unternehmer hast du die Möglichkeit, deinen eigenen Weg zu gehen und eigene Entscheidungen zu treffen. Gleichzeitig bekommst du die Freiheit, deine eigenen Visionen und Ideen in die Tat umzusetzen.

Mit deiner Gründung trägst du allerdings auch die volle Verantwortung für deine Entscheidungen; das bietet dir aber gleichzeitig auch die Möglichkeit, persönlich zu wachsen und dich neuen Herausforderungen zu stellen. Ich habe die Erfahrung gemacht, dass erfolgreiche Gründer besonders kreativ, widerstandsfähig und leidenschaftlich sind.

Aus der Arbeitslosigkeit heraus zu gründen, bietet eine Vielzahl an Chancen. Ich möchte dich deshalb ermutigen, deinen Träumen zu folgen und den Schritt in die Selbstständigkeit zu wagen, wenn du an deine Idee glaubst.

Mit diesem Buch gehst du einen ersten wichtigen Schritt in Richtung Gründung. Denn Mona Wiezoreck gehört zu den besten und erfolgreichsten Gründercoaches in Deutschland. Mit ihrer Hilfe kannst du letzte Unsicherheiten im Gründungsprozess aktiv angehen und bist bestens für den Weg in die Selbstständigkeit gewappnet.

Ich wünsche dir viel Erfolg mit deiner Geschäftsidee und mit diesem Buch!

Tessa Flatten
Prorektorin der TU Dortmund

Hinweis zur gegenderten Sprachweise
Aus Gründen der besseren Lesbarkeit wird in diesem Buch bei Personenbezeichnungen und personenbezogenen Hauptwörtern die männliche Form (das generische Maskulinum) verwendet. Sämtliche Angaben beziehen sich jedoch selbstverständlich auf Angehörige aller Geschlechter.

Kapitel 1
Von der Arbeitslosigkeit zum eigenen Business – geht das überhaupt?

Eben warst du noch angestellt, hattest einen sicheren Job mit unbefristetem Arbeitsvertrag, geregelten Arbeitszeiten, einem bestimmten Satz an Urlaubstagen und einem monatlichen Einkommen. Jetzt bist du von Arbeitslosigkeit bedroht, gekündigt, deine Stelle wurde abgebaut, nicht verlängert – und du weißt nicht, wie es weitergehen soll. Die meisten Menschen trifft die Arbeitslosigkeit wie ein harter Schlag. Der Schock der Arbeitslosigkeit ist ein Wendepunkt in deinem Leben und darf verdaut werden.

Doch es gibt keine Zufälle – daran glaube ich fest!
Denn vielleicht sollte es sogar so kommen. Vielleicht war die Kündigung längst absehbar oder du hattest innerlich schon gekündigt, bevor das Schreiben auf deinem Tisch gelandet ist. Vielleicht dreht sich dir sogar der Magen um bei dem Gedanken, wieder zurück in eine Festanstellung zu gehen …

Was also, **wenn deine Arbeitslosigkeit eine Chance wäre?** Eine Möglichkeit, eine langgehegte Idee zu verwirklichen? Denn wenn du dieses Buch in der Hand hältst, dann spielst du zumindest mit dem Gedanken, dein eigenes Business zu gründen. Vielleicht hast du diese eine Geschäftsidee, die dich seit Jahren nicht mehr loslässt, vielleicht willst du dein eigener Chef sein, vielleicht hast du aber auch das Gefühl, dass in deinem Leben noch mehr auf dich wartet, als jeden Tag stumpf einer Tätigkeit nachzugehen, die dich nicht erfüllt – vielleicht trifft sogar alles auf dich zu.

Egal, ob du im Nebenberuf gründen willst oder aus der Arbeitslosigkeit heraus: Wenn du dich mit einer Dienstleistung selbstständig machen und wissen willst, ob du das Zeug dazu hast und wie du richtig gründest, dann hältst du gerade die optimale Anleitung in der Hand, um von Anfang an gut vorbereitet zu starten!

Ich habe über die Jahre tausende Gründer erfolgreich auf dem Weg in die Selbstständigkeit begleitet und weiß deshalb, welche Eigenschaften ein Unternehmer mitbringen muss und welche Vorbereitungen unerlässlich sind, um langfristig erfolgreich zu sein. Denn ich habe bereits mehrere am Markt etablierte und rentable Unternehmen gegründet!

»Brenne für deine Idee, und zwar lichterloh!«

Es ist jetzt ungefähr zehn Jahre her, seitdem ich mich als Business-Coach und Management-Trainerin selbstständig gemacht habe, doch ich weiß noch ganz genau, wie ich mich damals gefühlt habe, was mich angetrieben und was mir jeden Tag die Energie gegeben hat, dranzubleiben und mein Bestes zu geben. Wenn du heute auf meine Unternehmen blickst, meine Presse- und Fernsehauftritte oder meinen Podcast *Mut zur Gründung – Wie mache ich mich selbstständig?*[1] siehst, dann wirkt es vielleicht, als hätte ich neben harter Arbeit einfach viel Glück gehabt. In Wahrheit habe ich nichts dem Zufall überlassen und Chancen genutzt, wenn sie sich mir eröffneten!

Ich wusste schon früh, dass Potenzial in mir steckt und ich Karriere machen würde. Doch bei der Vorstellung an ein Studium und betreutes Lesen im Hörsaal kam mir der blanke Horror. Ich freute mich stattdessen darauf, die Ärmel hochzukrempeln und zu arbeiten. Deshalb verließ ich nach der zehnten Klasse mit einem Top-Zeugnis die Schule und ergriff meine Gelegenheit, etwas zu bewegen.

Ich startete hoch motiviert mit einer Ausbildung als Automobilkauffrau in einem Autohaus – dort hatte ich bereits ein Jahr zuvor mein Praktikum so erfolgreich abgeschlossen, dass ich danach mit einem unterschriebenen Ausbildungsvertrag in der Tasche nach Hause kam.

1 Hier findest du meinen Podcast: https://monawiezoreck.de/podcast/.

Das hat mir unfassbar viel Spaß gemacht und ich bin richtig in dieser Tätigkeit aufgegangen. Doch schon als ich meine Ausbildung abgeschlossen hatte, war mir klar, dass ich nicht ewig mit »i. A.« unterschreiben und bald selbst Verantwortung tragen wollte. Das habe ich meinem Chef mit zarten 21 Jahren ziemlich unverblümt erklärt. Ich denke, daran erinnert er sich heute noch.

Mit 23 wechselte ich dann in das Unternehmen meines Vaters, der mich von Beginn an mit unendlichem Vertrauen segnete. Ich bin richtig aufgegangen in der wahnsinnigen Verantwortung, die er mir von Beginn an übertragen hatte. Rückblickend krass, aber sehr lehrreich für alles, was noch kommen sollte! Damals zeichnete sich mein Ziel zum ersten Mal ab: Ich wollte noch vor meinem 30. Geburtstag Führungsverantwortung übernehmen. Mein Vater hat mir in den folgenden Jahren unendlich viel beigebracht und mir mit viel Ruhe und Geduld das Geschäft und Unternehmertum gelehrt. Gemeinsam mit ihm habe ich bis heute sehr viel aufgebaut und diszipliniert sowie entschlossen am Unternehmenserfolg gebastelt. Und ich habe mein Ziel erreicht: Noch vor meinem 30. Lebensjahr wurde ich Geschäftsführerin eines mittelständischen Unternehmens.

Nicht zuletzt, weil mein Vater mich mit unendlichem Vertrauen ausgestattet hat, durfte ich schon in frühen Jahren viel über das Unternehmertum lernen und habe dies auch von der Pike auf getan. Ich kenne deshalb den Bauplan erfolgreicher Gründungen und weiß, wie man die Bausteine zusammensetzen muss, damit daraus ein tragfähiges Unternehmen wird.

Heute blicke ich auf mehrere erfolgreiche Unternehmensgründungen zurück, bin gesellschaftende Geschäftsführerin einer GmbH, Inhaberin und Geschäftsführerin der *Planbar Gründen GmbH & Co. KG* und Teilhaberin eines zertifizierten Bildungsträgers[2].

---

2 Bildungsträger in Deutschland sind Einrichtungen, die im staatlichen Auftrag schulische und berufliche Bildungsmaßnahmen im Bereich der Ausbildung und Weiterbildung anbieten und durchführen.

Was treibt dich an?

Zugegeben, mein Wunsch, selbst Verantwortung zu übernehmen und mein eigenes Geschäft hochzuziehen und zu leiten, entwickelte sich schon sehr früh in meinem Leben. Wenn du aber nicht schon in der Schule das Bedürfnis hattest, dein eigenes Unternehmen zu führen, dann ist das überhaupt nicht schlimm.

Wichtig ist nur, was dich jetzt antreibt! **Deine Motive für die Gründung sollten stimmen.** Denn um den Gründungsweg bis zum Ende zu gehen, brauchst du nicht nur einen langen Atem, sondern solltest ihn auch mit einer Geschäftsidee gehen, für die du richtig brennst! Viele Menschen gehen den Schritt in die Selbstständigkeit, um der Arbeitslosigkeit ein Ende zu setzen, aber vor allem, weil sie eine bestimmte Idee endlich umsetzen und »ihr eigener Chef« sein wollen. Die Arbeitslosigkeit beenden zu wollen, ist ein legitimes Motiv, um zu gründen – es darf nur nicht das Einzige sein. Wenn du nur deshalb gründen willst, weil du keine Anstellung findest und einfach nur wieder arbeiten willst, dann startest du automatisch mit schlechten Aussichten auf Erfolg, wie eine Studie 2010 belegte.[3]

Dabei spielt es keine Rolle, ob du aus der Arbeitslosigkeit gründest oder aus einer anderen Situation heraus – es ist sogar so, dass etwa zehn Prozent aller Selbstständigen und Unternehmer im Schnitt in Deutschland zum Zeitpunkt ihrer Gründung arbeitslos sind.[4] Was wirklich zählt, ist deine Motivation! Denn Studien haben gezeigt, dass dein Business mit größerer Wahrscheinlichkeit ein Erfolg wird, wenn deine Motive stimmen und du so richtig hinter deiner Geschäftsidee stehst![5]

---

3 Vgl. Caliendo, M. und A. Kritikos (2010). Gründungen aus Arbeitslosigkeit. nur selten aus der Not geboren und daher oft erfolgreich, DIW Berlin, Wochenbericht, Berlin, Seite 2 bis 7.

4 Vgl. https://www.ihk.de/blueprint/servlet/resource/blob/4647726/447d381a-2829e27cdcb9f19234bb993c/gruenderzeiten-grruendung-aus-arbeitslosigkeit-bmwi-data.pdf; besucht am 09.02.2024.

5 Vgl. https://www.ihk.de/blueprint/servlet/resource/blob/4647726/447d381a-2829e27cdcb9f19234bb993c/gruenderzeiten-grruendung-aus-arbeitslosigkeit-bmwi-data.pdf besucht am 09.02.2024.

Weil deine Motivation zur Gründung ein essenzieller Teil der Gründungsvorbereitung ist, gehe ich in diesem Buch an unterschiedlichen Stellen darauf ein und stelle dir einige Fragen, anhand derer du deine Mission und Vision herausarbeiten kannst. Denn ein »Nein« zum Angestelltenverhältnis reicht nicht, es sollte ein klares »Ja« zur Selbstständigkeit sein.

Bist du zum Unternehmer geboren?

Die Motivation kann noch so groß sein – wenn du gewisse Eigenschaften nicht mitbringst, dann wird es schwierig mit der Selbstständigkeit, denn nicht jeder ist zum Unternehmer geboren -, und das ist auch völlig in Ordnung. Es gibt entscheidende Merkmale, die für eine Gründung besonders geeignet sind. Während es selbstbewusste Menschen beispielsweise oft leichter haben, Entscheidungsträger und Kunden für sich zu gewinnen, fällt es introvertierten Personen häufig schwerer, Kunden zu akquirieren. Das bedeutet jedoch nicht, dass eine introvertierte Person kein profitables Unternehmen aufbauen kann oder ein selbstbewusster Mensch automatisch für die Selbstständigkeit gebacken ist. Es gehört schon einiges mehr dazu, ein eigenes Business zu gründen. Beispielsweise ist eine gesunde Portion Empathie für den Umgang mit Kunden (und unter Umständen mit Mitarbeitern) eine sehr hilfreiche Eigenschaft eines Gründers. Außerdem solltest du ein gewisses Maß an Kreativität mitbringen, wenn du dein »eigener Chef« werden willst. Schließlich muss man als Gründer und Unternehmer auch mal »um die Ecke« denken und immer wieder neue Zukunftspläne für das eigene Unternehmen schmieden. Zu Beginn des Buches gehe ich deshalb ausführlich darauf ein, wie viel **Unternehmertyp** in dir steckt und welche Kompetenzen du gerne noch ausbauen darfst.

Bringst du fachliche Kompetenzen mit?

Wichtig ist, dass du etwas von dem verstehst, was du als Dienstleistung anbieten möchtest. Wenn du deine fachliche Kompetenz durch ein Studium oder eine Ausbildung erworben hast, stellt sich diese

Frage gar nicht – natürlich bist du dann ausreichend qualifiziert. Anders ist es, wenn du beispielsweise als Coach gründen willst.

In diesem Buch werde ich dir deshalb auf den Zahn fühlen und du darfst herausfinden, ob du ausreichend fachliche Kompetenzen mitbringst, um erfolgreich zu gründen.

Bist du gut vorbereitet?

Kaum ein Gründungsvorhaben scheitert aufgrund fehlender fachlicher Kenntnisse – es ist vielmehr so, dass die meisten erfolglosen Unternehmen schlichtweg zu wenig vorbereitet waren. Der Erfolg eines Unternehmens ist deshalb in hohem Maße auch davon abhängig, wie ausführlich sich der Gründer im Vorfeld beraten lassen oder Informationen gesammelt hat. Denn das größte Problem sind oft die blinden Flecken, die man selbst gar nicht sieht.

Mit dem Kauf dieses Buches hast du den ersten Schritt gemacht, um dir Informationen zur sorgfältigen Gründungsvorbereitung zu beschaffen. Als Nichterwerbstätiger hast du den Vorteil, dass du während des Vorbereitungsprozesses keiner Angestelltentätigkeit nachgehen musst, sondern deine Zeit vorwiegend für die Organisation der Gründung nutzen kannst. Doch aus der langjährigen Erfahrung mit meinen Kunden weiß ich, dass sich die meisten schon vor der Arbeitslosigkeit mit einer möglichen Selbstständigkeit befassen.

So oder so: Der Weg in die Selbstständigkeit kann zu Beginn ziemlich außerhalb der Komfortzone liegen. Das durfte ich deutlich spüren, als ich 2015 mein Coachingbusiness startete – und das, obwohl ich da bereits seit mehr als zehn Jahren Unternehmerin war.

Doch ich versichere dir, diese Unsicherheit teilt jeder, der mit dem Gedanken spielt. Als Teilhaberin eines zertifizierten Bildungsträgers nehme ich dich in diesem Buch an die Hand. Schritt für Schritt gehe ich mit dir durch alle wichtigen Punkte, damit du erstens ein tragfähiges Unternehmen aufbauen und zweitens das volle Förderpotenzial der *Agentur für Arbeit* ausschöpfen und entspannt in deine Gründung starten kannst. Mir ist dabei besonders wichtig, dass du dein Business nachhaltig aufbaust, sodass du lange Freude daran hast und den Erfolg verzeichnest, den du dir wünschst (wobei du natürlich selbst definierst, was Erfolg für dich bedeutet). Dafür stelle ich dir nicht nur meine gesamten geistlichen Ergüsse und meine fachliche Expertise zur Verfügung, sondern auch meine Erfahrungen aus zwei Jahrzehnten Unternehmertum – also von der Praxis für die Praxis. Aus diesem Grund habe ich mein Coachingbusiness damals mit dem Schwerpunkt Gründung und Unternehmertum aufgebaut – denn all das, was für dich jetzt wichtig ist, habe ich mehrfach selbst erlebt.

Wusstest du schon, dass du während der Arbeitslosigkeit ein **Gründercoaching** beantragen kannst, das dich in der Gründungsphase unterstützt und dich optimal auf die Selbstständigkeit vorbereitet?

Das Gründercoaching ist die optimale Vorbereitung auf deine Gründung! In diesem umfangreichen 1:1-Coaching lernst du alles, was du für den Start in deine Selbstständigkeit benötigst – darüber hinaus erstellst du deinen Business- und Finanz-Plan und kannst damit ganz entspannt den Gründungszuschuss beantragen. Diese Vorbereitung ist enorm wichtig – ich sage immer: »Je besser eine Gründung vorbereitet wurde, desto erfolgreicher wird die Selbstständigkeit.«

Studien haben sogar gezeigt, dass Gründer, die aus der Arbeitslosigkeit und mithilfe einer oder mehrerer Förderungen der *Agentur für Arbeit* gründen, selbst nach fünf Jahren noch größtenteils selbstständig sind![6]

Die Zahl derer, die nach meinem Coaching in die Selbstständigkeit gestartet sind, liegt dabei deutlich höher. Ich habe zwar keine absoluten Zahlen dazu, aber da ich noch lange Kontakt zu meinen ehemaligen Kunden pflege, kann ich dir versichern, dass etwa 90 Prozent aller ehemaligen Gründer auch Jahre später noch ihr eigenes Business führen – nur in Einzelfällen wurde die Selbstständigkeit wieder aufgegeben.

Doch das ist noch nicht alles: Bei einer Gründung aus der Arbeitslosigkeit kannst du außerdem einen **Gründungszuschuss**

6 Vgl. https://www.ihk.de/blueprint/servlet/resource/blob/4647726/447d381a-2829e27cdcb9f19234bb993c/gruenderzeiten-grruendung-aus-arbeitslosigkeit-bmwi-data.pdf ; besucht am 09.02.2024.

beantragen, der dir die ersten sechs Monate deiner Gründung erleichtert. Das Beste daran: Diese umfangreichen Förderungen sind keine Darlehen und müssen nicht zurückgezahlt werden – du bekommst sie als Unterstützung für deine Gründung vom deutschen Staat geschenkt.

Wie du die Förderungen der *Agentur für Arbeit* bekommst, welche fachlichen Kompetenzen für eine tragfähige Gründung nötig sind und wie du herausfindest, ob du der Unternehmertyp bist, erkläre ich dir in diesem Buch – leicht verständlich und mit der nötigen Portion ausgeglichener, humorvoller rheinischer Frohnatur und mittels Metaphern aus meinem Lieblingssport – dem Tennis. Anhand zahlreicher Beispiele zeige ich dir, worauf es beim Gründen wirklich ankommt, und führe dich Schritt für Schritt von der Geschäftsidee zum Unternehmenskonzept und über die Gründung zum erfolgreichen Business.

Endlich raus aus der Arbeitslosigkeit dank Gründungszuschuss und AVGS. Raus aus dem Druck, Bewerbungen zu schreiben, und endlich dein eigener Chef werden! Das ist, wovon du schon immer geträumt hast? Dann lass uns jetzt gemeinsam loslegen und schauen, was alles möglich ist, und vor allem, wie du es am besten angehst.

Bist du bereit? Dann: Forza!

»Je besser eine Gründung vorbereitet ist, desto erfolgreicher wird die Selbstständigkeit.«

Kapitel 2
Welcher Typ bist du? Das Persönlichkeitsprofil eines Gründers

Spiel, Satz, Sieg! Und das in Wimbledon …

Doch wenn Angelique Kerber Spiele, Sätze und Matches gewinnt und am Ende des Turniers die große Trophäe in die Höhe hält, sehen wir ja nur das Endergebnis. Wir sehen nicht, was sie alles tun musste, um dahin zu kommen. Die vielen Jahre oder Jahrzehnte des harten Trainings voller Entbehrungen und Disziplin bleiben für uns unsichtbar.

Dass sich der Erfolg nicht von heute auf morgen einstellt, ist zwar den meisten Menschen klar; aber dass es nicht nur Talent und langjährige Trainingserfahrung braucht, um so weit zu kommen, sondern dieser zu einem wesentlichen Teil auch von der Persönlichkeit des Sportlers abhängt, wissen viele nicht. Doch dazu gehören jede Menge Durchhaltevermögen, Mut, ein starker Wille und die Fähigkeit, das Ziel nie aus den Augen zu verlieren. Das hat nicht jeder, und das ist auch okay so. Schließlich muss ja nicht jeder Tennisprofi werden.

Es muss auch nicht jeder gründen. Und das ist ebenfalls gut so, denn für eine Selbstständigkeit braucht es ähnliche Charaktereigenschaften wie für eine Karriere als Profisportlerin. Diese sind entweder vorhanden oder nicht; nicht wie bei den fachlichen Kompetenzen, die du im Zweifel noch erwerben kannst. Entweder bist du der Typ fürs Gründen oder nicht. Und es hilft auch nicht, wenn du dir selbst etwas vormachst – denn das führt später nur dazu, dass du jede Nacht kein Auge mehr zu machst und vielleicht sogar im Burn-out landest.

Als Gründer solltest du dir darüber bewusst sein, wie deine Persönlichkeit aufgebaut ist. Hast du beispielsweise genug Biss und Disziplin, um bis zum Ende durchzuhalten, oder gibst du sofort auf, wenn es mal schwierig wird?

Angelique Kerber hätte 2018 bestimmt nicht gegen Serena Williams in Wimbledon gewonnen, wenn sie nicht auch der Typ dafür wäre. Mich beeindruckt diese Frau nicht nur, weil sie ein Ausnahmetalent ist, sondern auch aufgrund ihrer starken Persönlichkeit und den vielen weiteren Projekten, die sie realisiert hat (zum Beispiel als UNICEF-Botschafterin[7] und der *Angie Kerber Tennis Academy*). Sie hat ihre Ziele immer klar im Visier und lässt sich von keiner Krise aus dem Gleichgewicht bringen. Angelique Kerber ist die geborene Gründerin! Sie zeichnet sich durch ihre unermüdliche Hingabe zum Tennis aus und dieselbe Hingabe und Hartnäckigkeit zeigt sie auch als erfolgreiche Unternehmerin.

In jedem Tennismatch gibt es Momente großer Spannung und Druck, besonders in entscheidenden Spielsituationen. Eine erstklassige Tennisspielerin wie Kerber bewahrt auch in solchen Situationen Ruhe, konzentriert sich auf ihr Ziel und glaubt an sich.

Auch als erfolgreiche Unternehmerin braucht sie Widerstandsfähigkeit gegenüber den Herausforderungen des Geschäftsalltags. Sie schafft es, sich immer wieder auf das Wichtigste zu konzentrieren und trifft auch in stressigen Situationen kluge Entscheidungen.

Wie sieht es mit dir aus? Hast du das Zeug zum Gründen? Wenn du dieses Buch in der Hand hältst, dann hast du dir vermutlich auch schon einige Gedanken darüber gemacht, was es alles für eine erfolgreiche Gründung braucht. Die Chancen stehen also gut, dass auch du der Typ fürs Gründen bist.

Trotzdem lohnt es sich sicherlich auch für dich, einen intensiveren Blick auf die Eigenschaften zu werfen, die du mitbringen solltest. Und wenn du fürs Gründen gemacht bist: Bist du der Unternehmertyp oder eher der Selbstständige? Lass uns dem Persönlichkeitsprofil eines Gründers in diesem Kapitel ein bisschen auf den Zahn fühlen.

---

7 Vgl. https://www.unicef.de/angelique-kerber/14486; besucht am 30.04.2024.

2.1 Mit Geduld und Mindset zum Grand Slam (Eigenschaften eines Gründers)

Eigentlich beginnt das Spiel lange, bevor du auf den Tennisplatz läufst: Ein positives Mindset gepaart mit einem klaren Realitätsabgleich – also einem Checkup deiner Charaktereigenschaften und Kernkompetenzen – ist ein guter Anfang. Ich sage immer: »Träume groß, aber sei auch bereit, die Herausforderungen realistisch zu bewerten.«

Im Folgenden habe ich die zehn wichtigsten Persönlichkeitsmerkmale aufgeführt, die du für eine erfolgreiche Existenzgründung mitbringen solltest.

2.1.1 Selbstreflexion und Kundenorientierung

Wenn du gründest, gibt es keine Menschen mehr, die über dir stehen. Das ist ein wunderbares Gefühl der Freiheit und Unabhängigkeit. Gleichzeitig wird es dadurch schwieriger werden, dich selbst zu reflektieren und gegebenenfalls dein Angebot, dein Unternehmensprofil oder dich selbst anzupassen.

Manchmal wäre ein Gespräch wie das folgende, in dem sich eine Geschäftsführerin mit einem ihrer leitenden Angestellten zusammensetzt, um über Veränderung im Unternehmen zu sprechen, auch für uns Unternehmer von Vorteil:

»Guten Morgen, Herr Müller. Vielen Dank, dass Sie sich heute Zeit für dieses Gespräch nehmen. Ich möchte gerne mit Ihnen über die geplante Weiterentwicklung unseres Unternehmens sprechen.«

»Guten Morgen, Frau Schmidt. Natürlich, ich bin gespannt, was Sie zu sagen haben.«

»Nun, auch wir müssen mit dem Zahn der Zeit gehen – deshalb habe ich mich entschieden, verstärkt Künstliche Intelligenz in unsere Arbeitsabläufe zu integrieren, um unsere Prozesse zu optimieren –, gerade in Ihrem Bereich. Natürlich baue ich dabei auf Ihre fachliche Expertise bei der Integration.«

»Puh, das klingt nach einer großen Veränderung. Über KI habe ich gerade so viel Schlechtes gelesen … außerdem kenne ich mich doch mit dem ganzen IT-Zeugs überhaupt nicht aus … wie stellen Sie sich das denn vor?« (zögert) »Also verstehen Sie mich nicht falsch, Frau Schmidt, aber ich bin mir nicht sicher, ob der Einsatz von KI in unserem Bereich wirklich notwendig ist.«

»Ich weiß natürlich, dass die Integration von KI eine umfassende Veränderung darstellt, Herr Müller. Dennoch sehen wir darin die Möglichkeit, unsere Effizienz zu steigern und innovativer zu agieren. Und nicht nur das: Das wird auch Ihre Arbeit deutlich erleichtern! Außerdem kann ich Sie beruhigen: Sie brauchen keine besonderen IT-Kenntnisse, um die neue Technik höchst effizient zu nutzen.«

»Ich kann ich mir ehrlich gesagt kaum vorstellen, dass das alles leichter macht … und wenn doch – wofür brauchen Sie mich dann überhaupt noch? Dann bin ich ja gar nicht mehr wichtig. Außerdem mache ich mir Sorgen, dass die Einführung von KI in unseren Arbeitsprozessen für Verwirrung sorgen könnte. Die Leute haben es ohnehin schon nicht leicht – und jetzt sollen sie auch noch mit so einem neumodischen Zeugs umgehen? Das wäre eine riesige Herausforderung, die uns furchtbar viel Zeit kosten wird. Also ich sehe da nichts Gutes drin, sage ich Ihnen ganz ehrlich.«

»Ihre Bedenken sind nachvollziehbar, Herr Müller. Ich möchte deshalb sicherstellen, dass die Integration von KI so gestaltet wird, dass sie einen Mehrwert für Ihr Team bietet und keine unnötigen Komplikationen mit sich bringt. Ihre Erfahrung kann uns dabei helfen, potenzielle Schwierigkeiten zu identifizieren und zu bewältigen.«

»Das ist verständlich, Frau Schmidt. Aber ich frage mich, ob wir nicht vielleicht einfach an dem festhalten könnten, was bisher gut funktioniert hat. Der Einsatz von KI könnte unsere Arbeitsweise grundlegend verändern; und ich fürchte, dass nicht alle im Team diese Veränderung gut aufnehmen werden.«

»Ich verstehe Ihre Argumente, doch Künstliche Intelligenzen sind jetzt nun mal da, und wenn wir sie nicht nutzen, dann zieht die Konkurrenz an uns vorbei und am Ende verlieren wir dann alle. Wir können uns jetzt entweder verändern und uns einen Vorteil auf dem

Markt sichern, oder wir gehen das Risiko ein, dass unsere Wettbewerber an uns vorbeiziehen. Das wollen Sie doch sicher auch nicht, oder? Ich werde jedenfalls sicherstellen, dass die Einführung transparent kommuniziert wird und Schulungen sowie Unterstützung für alle Teammitglieder bereitstehen. Es ist mir wichtig, dass sich alle wohl und sicher in dieser neuen Arbeitsumgebung fühlen.«

»Natürlich will ich nicht, dass wir nicht mehr mithalten können. Aber ich hab' eher Angst, dass diese Roboter eines Tages den Laden übernehmen als unsere Konkurrenz. Und ja, ich glaube Ihnen natürlich, dass Sie das gut kommunizieren und einführen werden. Aber ehrlich gesagt habe ich trotzdem Bedenken. Das könnte alles verändern!«

Und so weiter ... ich denke, du hast verstanden, worauf ich hinauswill. Die meisten Menschen scheuen Veränderungen. Doch ein Unternehmen zu führen, ist nichts Statisches, sondern immer im Prozess – es verändert sich jeden Tag und du musst in der Lage sein, dich darauf einzustellen. Dafür braucht es eine gewisse Portion Selbstreflexion.

Denn wenn du gründest, gibt es niemanden mehr, der dir den Spiegel vorhält. Dann musst du dich selbst kritisch hinterfragen können, deine Stärken und Schwächen und deine Entscheidungen einschätzen und gegebenenfalls nachjustieren – zum Beispiel durch ein Coaching oder eine Schulung.

Ein gewisser Gradmesser sind deine Kundenstimmen. Wenn eine Kundin nicht zufrieden ist, kann sie das nach Herzenslust zum Beispiel auf *LinkedIn*, *ProvenExperts* oder *Google* mit der Welt teilen. Eine schlechte Bewertung bedeutet nicht gleich das Ende deines Unternehmens; und es bedeutet auch nicht, dass der Fehler in jedem Fall bei dir lag. Aber wenn du ausschließlich schlechte Bewertungen erhältst, solltest du dir grundsätzliche Gedanken darüber machen, was da schiefläuft und ob die Selbstständigkeit wirklich dein Ding ist. Wenn du nicht in der Lage bist, dich regelmäßig selbstkritisch einzuschätzen, kann das schlimmstenfalls das Ende deines Unternehmens bedeuten – oder sogar den Bankrott.

2.1.2 Lernbereitschaft und Erfahrungen sammeln

Es ist keine Schande, sich im Zweifelsfall Unterstützung bei Coaches und Trainerinnen zu holen. Im Gegenteil: Eine Gründung bedeutet, dass du dich auf lebenslanges Lernen einstellen darfst. Wenn du heute ein Haus baust, reicht es nicht, es einmal hinzustellen – du musst dich immer wieder mit Gesetzesänderungen vertraut machen, Renovierungsarbeiten durchführen und beispielsweise das Steuerrecht im Blick behalten. Ebenso gehört es zur Gründung dazu, dich permanent weiterzubilden und bereit zu sein, dich mit neuen Technologien, Märkten und Geschäftspraktiken auseinanderzusetzen. Doch mit Lernbereitschaft meine ich nicht nur Wissen sammeln, sondern auch Erfahrungen. Über die Jahre wirst du einiges an Erfahrung zurück in dein Business spielen können.

2.1.3 Selbstmotivation

Wenn du gründest, schreibt dir niemand mehr vor, wann du morgens aufstehen oder an welchen Tagen und wie viele Stunden du pro Woche arbeiten sollst. Das ist fantastisch und einer der Gründe, warum ich fürs Unternehmertum geboren bin. Unabhängigkeit, Freiheit und Selbstbestimmung können also große Antreiber sein. Es gibt aber auch Menschen, die davon komplett überfordert sind und Probleme mit der Selbstmotivation haben.

»Ich könnte doch jetzt noch schnell die Fenster putzen, bevor ich mich an die Vorbereitung für das nächste Coaching mache …«, »Ach, ich wollte doch längst mal den Kühlschrank abtauen – das schaffe ich doch schnell und danach ist bestimmt noch genug Zeit für das Lektorat …« … und schwups ist der Tag vorbei. Ja, ich glaube, dass jeder Mensch in seinem Leben schon einmal irgendetwas aufgeschoben hat.

Ich hasse es beispielsweise, den Keller aufzuräumen – das nervt mich fürchterlich und deshalb schiebe ich das am liebsten immer ewig vor mir her. Prokrastination ist nichts, was man unbedingt und immer bekämpfen muss. Aber wenn du erhebliche Probleme damit hast, dich selbst zu motivieren, dann solltest du dir schon mal die Frage stellen, ob eine Existenzgründung der richtige Weg für dich ist.

Doch nicht jede Art der Prokrastination im Berufsleben steht einer Gründung im Weg. Vielleicht kannst du dich zuhause einfach nur schwer motivieren, weil du ein ausgeprägtes Bedürfnis nach Kontakt und Beziehungen zu anderen Menschen hast und dich im einsamen Home-Office einfach nicht wohlfühlst. Dann ist die Gründung nicht das Problem, sondern einfach nur die Rahmenbedingung.

Vermutlich reicht es schon, wenn du jeden Morgen in einen Coworking-Space wechselst und häufiger an Netzwerktreffen teilnimmst als andere Existenzgründer. Aber es gibt auch Menschen, für die ist Selbstmotivation auch unter optimalen Bedingungen nur geringfügig möglich. Dann stellt sich die Frage, ob die Gründung wirklich der richtige Weg ist.

- Was brauchst du, um mit Eifer und vollem Elan jeden Tag aufzustehen und dich selbst zu motivieren?
- Kennst du deine inneren Antreiber und kannst du sie konkret benennen?
- Welche Weichen müssen für dich gestellt sein, damit du so richtig durchstarten kannst?

Viele Menschen können diese Fragen nicht beantworten. Das ist auch nicht weiter verwunderlich, weil die wahren Motive für unser Handeln oft sehr unbewusst ablaufen. In meinen Gruppencoachings mache ich mit meinen Coachees deshalb auch immer ein *Reiss Motivation Profile*®. Damit erfasse ich die Unternehmereigenschaften der Gründer und schaue, ob eine Selbstständigkeit auch wirklich zu ihrer Persönlichkeits-DNA passt.

Das *Reiss Motivation Profile®* wurde in den 1990er-Jahren vom amerikanischen Professor für Psychologie und Psychiatrie Steven Reiss entwickelt. Es handelt sich dabei um ein Testverfahren, das aufzeigt, warum wir so handeln und entscheiden, wie wir es tun. Steven Reiss erkannte 16 Lebensmotive, die unsere Persönlichkeit, unsere Werte und vor allem unser Verhalten bestimmen. Wie stark diese Motive jeweils ausgeprägt sind, ist von Person zu Person unterschiedlich.[8]

Mir hat das *Reiss Motivation Profile®* damals eine immense Klarheit auf allen Ebenen gegeben; und ich hatte bereits zahlreiche Coachees, die sich dadurch viel besser selbst kennenlernten. Eine Teilnehmerin meinte letztens sogar zu mir: »Danke Mona, hätte ich diese ganzen Dinge vorher über mich gewusst, hätte ich mir drei Jahre Therapie sparen können!« Wer seine Motive genau kennt, weiß, welche Rahmenbedingungen er für sein Unternehmen schaffen muss, um langfristig glücklich und erfolgreich zu werden.

2.1.4 Eine starke »Mission«

Darüber hinaus sollte dein »Warum?« stimmen. Welcher tiefste Grund ist es, der dich antreibt? Was sind deine Ziele?

Wenn du dich einfach nur selbstständig machen willst, weil du schon dutzende Bewerbungen verschickt hast und keine Alternative siehst, um aus der Arbeitslosigkeit herauszukommen, ist das sicher keine gute Basis. Aber leuchtet in dir ein kleines Licht auf, wenn du an diese eine Gründungsidee denkst? Wird dir so richtig warm ums Herz?

8 Reiss, S. (2009). »Das Reiss Profile: Die 16 Lebensmotive. Welche Werte und Bedürfnisse unserem Verhalten zugrunde liegen (Dein Erfolg)«. Gabal Verlag, Offenbach.

Übung zur »Mission«:
Bitte nimm dir jetzt mal fünf Minuten ungestört Zeit, höre in dich hinein und beantworte für dich die folgenden Fragen:

- **Was ist meine persönliche Motivation?** Was treibt mich an? Was ist mein berühmtes »Warum«?
- **Was möchte ich der Menschheit und der Welt mitgeben?**

Eine weitere Möglichkeit, dein »Warum« herauszufinden: Du stellst dir selbst wiederholt diese eine Frage nach dem »Warum« – und dann stellst du sie dir erneut auf deine eigene Antwort – und wieder und wieder, bis du zum Kern gelangst. Klingt einfach, ist aber sehr effektiv!

Die »Mission« hinter deinem Bauvorhaben *Gründung* ist idealerweise der Mörtel, der die Bausteine am Ende zusammenhält. Es sind nicht die Bausteine, die dein Haus bei Wind und Wetter zusammenhalten, sondern das Fugenmittel.

Eine starke Mission ist eine gute mentale Ausgangsposition für deine Gründung und lässt dich auch in Zeiten nicht im Stich, in denen es mal nicht so gut läuft. Sie ist nicht nur der Kitt für dein Unternehmensbauwerk, sondern auch Teil deines Bauplans. Wenn du dir über dein »Warum« im Klaren bist, wird es dir auch viel leichter fallen, Entscheidungen für dein Unternehmen zu treffen, dein Angebot zu formulieren und andere Aktivitäten, wie Marketing und Vertrieb, danach auszurichten.

Bau dein Gründungsvorhaben auf dem auf, wofür du brennst. Dann hast du die besten Chancen, auch andere von deiner Idee zu überzeugen, denn deine potenziellen Kunden (und gegebenenfalls Investoren) spüren diese Begeisterung und werden sich von ihr anstecken lassen.

»Wer sein Warum hat, dem ist kein Wie zu schwer.«

Dazu gehört auch, dir deiner Werte bewusst zu werden. Das können ethische und moralische Grundsätze sein, sie können sich auf soziale

Verantwortung, Nachhaltigkeit und Umweltschutz beziehen; und du solltest sie nicht nur theoretisch definieren, sondern auch in deinem Unternehmen *leben*.

Deine Werte werden das Fundament deines Unternehmens bilden und beeinflussen, wie du Entscheidungen triffst, mit Kunden interagierst und dein Team leitest.

Kleiner Tipp am Rande: Ein Unternehmen funktioniert langfristig nur, wenn du deine eigenen Werte berücksichtigst und lebst!

Zu Beginn mal einen Auftrag annehmen, obwohl es dir nicht passend erscheint, ist wichtig für deine Entwicklung und deinen Cash-Flow. Solltest du dich also beispielsweise als virtuelle Assistentin, die zusätzlich Veganerin ist, selbstständig machen, Content auf Social Media erstellen und Clemens Tönnies winkt mit einem Auftrag, empfehle ich dir, das trotzdem mal auszuprobieren. Aber sei achtsam, wie es dir bekommt! Sollte das ungute Gefühl in deinem Bauch stärker sein als die Freude darüber, dass du einen ersten großen Auftrag abwickeln kannst, dann nimm in Zukunft besser Abstand davon.

Langfristig wirst du aber feststellen, dass solche Aufträge in der Regel nicht funktionieren. Das ist genauso wie im Privatleben: Gehen die Wertevorstellungen zwischen dir und deinem Partner zu weit auseinander, läuft es nicht rund.

Hier ist eine einfache Übung, um deine unternehmerischen Werte zu entdecken:

Schritt 1: Reflexion

Nimm dir Zeit, um über deine bisherigen Erfahrungen nachzudenken. Denke an Momente in deinem beruflichen und persönlichen Leben, in denen du dich besonders erfüllt und motiviert gefühlt hast. Was waren die Umstände und Handlungen, die zu diesem Gefühl beigetragen haben?

Schritt 2: Identifiziere Schlüsselmomente
Schreibe die Schlüsselmomente auf, die dir in den Sinn kommen. Es könnten Erfolge, Herausforderungen oder einfach nur besondere Augenblicke sein. Beachte dabei, welche Werte in diesen Momenten für dich eine Rolle gespielt haben könnten.

Schritt 3: Werteauswahl
Betrachte die folgende (unvollständige) Liste von Unternehmenswerten und wähle diejenigen aus, die am besten zu den Schlüsselmomenten in deiner Reflexion passen. Falls deine Werte nicht dabei sind, ergänze sie gerne:

Altruismus
Spiritualität
Freiheit
Gerechtigkeit
Empathie
Umweltschutz
Toleranz
Selbstverbesserung
Soziale Gerechtigkeit
Liebe
Respekt
Gleichstellung
Innovation
Verantwortung

Teamarbeit
Kundenorientierung
Nachhaltigkeit
Offenheit
Qualität
Flexibilität
Effizienz
Kreativität
Respekt
Zuverlässigkeit
Wachstum
Kooperation
Transparenz
Anpassungsfähigkeit

Schritt 4: Priorisierung
Ordne die ausgewählten Werte nach ihrer Bedeutung für dich. Welche Werte sind dir am wichtigsten? Bedenke, dass diese Werte die Grundlage für deine unternehmerischen Entscheidungen bilden werden.

Schritt 5: Selbstprüfung
Stelle dir vor, wie dein zukünftiges Unternehmen basierend auf den priorisierten Werten aussehen soll. Frage dich, ob diese Werte zu deiner Vision und Mission passen.

Schritt 6: Feedback
Teile deine Gedanken und ausgewählten Werte mit vertrauenswürdigen Freunden, Familie oder Mentoren. Erhalte Feedback und überprüfe, ob die gewählten Werte für andere plausibel und authentisch wirken.

Schritt 7: Finalisierung
Nimm dir Zeit, um deine endgültigen Werte zu definieren. Diese Werte werden nicht nur deine Entscheidungen leiten, sondern auch die Kultur deines Unternehmens prägen.

Herzlichen Glückwunsch! Du hast nun einen wichtigen Schritt auf dem Weg zur Gründung deines eigenen Unternehmens gemacht. Deine persönlichen Werte werden dir helfen, authentisch und fokussiert zu bleiben, wenn du vor Herausforderungen stehst.

2.1.5 Selbstvertrauen

Ja, es klingt gemein, aber: Die Welt hat nicht auf dich gewartet (Ausnahmen bestätigen auch hier die Regel). Damit die Menschen bei dir kaufen, müssen sie erst einmal erfahren, dass es dich gibt. Aber nicht jeder ist dazu gemacht, sich hinzustellen und über sich sowie sein Angebot zu sprechen. Dazu gehören Mut und Selbstvertrauen. Wenn du dich aber nicht traust, dich zu zeigen und mit deinem Angebot nach draußen zu gehen, dann wird das nichts mit der erfolgreichen Gründung.

Das Selbstvertrauen in dein eigenes Business ist ein Prozess und wird wachsen. Du machst dich mit deiner Gründung auf den Weg zu einer spannenden Reise – nicht nur zu deinem Business, sondern auch zu dir selbst. Es muss am Anfang noch nicht alles perfekt sein

– dein Unternehmen darf und soll sich entwickeln können – genau wie du selbst. Wichtig ist allerdings, dass du von Anfang an ein sicheres Fundament hast, auf dem du aufbauen und loslegen kannst.

2.1.6 Empathie

John McEnroe wurde in den 1980er-Jahren nicht nur als »Tennisgott« verehrt, sondern auch als »Tennisrüpel«: Auf dem Platz rastete er immer wieder aus – seine Wutausbrüche machten ihn berühmt-berüchtigt beim Publikum, bei den Schiedsrichtern und bei seinen Gegnern.[9] Seine Frau, die Rocksängerin Patti Smith, attestierte ihm einen Mangel an Empathie und beschreibt ihn gern als »Work in Progress«.[10]

Jetzt kannst du natürlich sagen: »Erfolg hatte er doch trotzdem!« Stimmt. Es gibt auch jede Menge empathielose Menschen in der Business-Welt. Aber ich persönlich glaube, dass das Ende dieser Dinosaurier gekommen ist: Denn wenn du als Gründer kein Einfühlungsvermögen für deine Zielgruppe und deine Kunden mitbringst, dann bringt dir auch das beste Angebot nichts. Empathie hilft dir nicht nur, deine Kunden optimal anzusprechen. Deine Beziehungen zu Geschäftspartnern, Geldgebern und Mitarbeitern profitieren ebenfalls von dieser Fähigkeit, die Bedürfnisse und Absichten anderer wahrzunehmen und darauf einzugehen. Mein Vater hat mir als damals noch junge Unternehmerin eine wertvolle Erkenntnis mitgegeben, die ich gerne mit dir teilen möchte: »Entwickle ein Gefühl dafür, was für deinen Verhandlungspartner möglich ist! Forderst du etwas, was schier unmöglich ist, wirst du nicht zum Ziel kommen.« Ein gewisses Gespür für deine Mitmenschen – egal, ob im Business oder privat – wird dich immer weiterbringen. Aber keine Angst, falls du da noch Defizite hast: Selbst Empathie kann man lernen.

---

9 Vgl. https://www.spiegel.de/geschichte/john-mcenroe-wird-60-der-tennis-flegel-a-1252912.html; besucht am 30.04.2024.

10 https://www.deutschlandfunk.de/john-mcenroe-wird-60-tennisruepel-und-tennisgott-100.html; besucht am 04.06.2024.

2.1.7 Kreativität

Viele Gründer, die mit ihrem Unternehmen keine künstlerische Richtung einschlagen wollen, meinen, Kreativität ist nur was für Kreativschaffende. Doch das ist ein Trugschluss! Von einer guten Portion Einfallsreichtum profitiert jeder Gründer. Bist du in der Lage, nicht nur über den Tellerrand, sondern auch über die Gegenwart hinauszuschauen, liegst du klar im Vorteil.

Auch zur Problemlösung braucht es oft eine gehörige Portion Kreativität. Dadurch kannst du eine andere Perspektive einnehmen und neue Lösungswege entdecken. Ein Gründer, dessen Produkt in den ersten Monaten auf dem Markt beispielsweise nicht den erwarteten Erfolg hat, nutzt Kreativität, um Feedback zu analysieren, das Produkt zu verbessern und eine überarbeitete Marketingstrategie zu entwickeln. Ich dachte lange, ich sei nicht kreativ, weil ich kein Händchen fürs Malen, Basteln oder Musizieren habe. Bis meine Mutter einmal sagte: »Du bist sogar sehr kreativ! Dir fällt immer wieder etwas ein, wie du dein Unternehmen noch besser aufstellen und weiterentwickeln kannst.« Und es stimmt: Selbst Krisen lassen mich kalt, weil ich weiß, dass mir die Ideen nie ausgehen werden! Übrigens lag ich auch in Bezug auf andere Bereiche falsch: Wenn ich mich in meiner Freizeit an die Nähmaschine setze, bin ich sogar sehr kreativ!

Kreativität ermöglicht es dir, neue Ideen und Herangehensweisen zu entwickeln, um dich von der Konkurrenz abzuheben. So kannst du Produkte entwickeln, welche die Kundenbedürfnisse erfüllen und gleichzeitig überraschen und begeistern.

Auch für das Marketing brauchst du viel Kreativität – nicht nur in der Entwicklung eines einheitlichen Markenauftritts, sondern auch beim Verfassen von Werbetexten und Beiträgen für die sozialen Medien. Ich freue mich jedes Mal, wenn sich eine Gründerin von den gängigen Floskeln abgewendet hat und ihre eigenen Sprüche und Texte findet. Dafür musst du nicht zur Autorin geboren sein – es reicht schon, wenn du nicht dieselben abgeschmackten Floskeln wieder kaust, die von jedem zweiten Betrieb missbraucht werden.

Probiere es gern mal selbst aus – finde kreative Alternativen zu folgenden Floskeln:

- »Innovation, die überzeugt – unser Produkt setzt Maßstäbe!« (Beispiel: neue Virtual-Reality-Brille)
- »Entdecke die Welt des Genusses – mit uns wird jeder Moment zum Geschmackserlebnis!« (Beispiel: neue Gewürzmischung)
- »Gut für dich, gut für die Umwelt!« (Beispiel: neues nachhaltiges Reinigungsmittel)

Profitipp: Floskeln sind beliebig und sagen nichts über das Produkt aus. Was bedeutet in diesem Zusammenhang »neue Maßstäbe«? Was macht das Produkt zum Geschmackserlebnis? Warum ist das Produkt gut für die Umwelt oder für mich?

»Das Leben als Gründer ist ein ständiges Auf und Ab. Ohne Flexibilität und Spontanität geht das nicht!«

2.1.8 Flexibilität

Auch herausragende Tennisspieler verlieren mal ein Match, aber nur die besten lernen aus ihren Niederlagen und kehren anschließend gestärkt zurück auf den Platz. Egal, ob auf dem Tennisplatz oder im Unternehmertum, die Situation kann sich jederzeit ändern. Deswegen musst du die Fähigkeit besitzen, dich und dein Unternehmen flexibel anzupassen.

Die Zeiten sind längst vorbei, in denen ein Produkt oder eine Produktlinie ein Leben lang hielt. Die Coronazeit hat uns gezeigt, wie wichtig es besonders im Business ist, sich immer wieder neu zu erfinden. Ich bin Menschen begegnet, die jahrzehntelang ein erfolgreiches Geschäft geführt haben, aber in dem Moment, als sich durch den Lockdown die Bedingungen änderten, völlig aufgeschmissen waren. Gerade in dieser Zeit zeigte sich, wer wirklich wie ein Gründer denkt und wer eigentlich noch immer gedanklich angestellt war. Die einen jammerten und verzweifelten, die anderen setzten sich hin, atmeten ein paar Mal tief durch und überlegten, wie sie ihr Angebot umstellen oder wie sie die Zeit für Weiterbildungen, Renovierungen oder Umstrukturierungen nutzen könnten.

Also: Die Fähigkeit zur Flexibilität und Anpassungsfähigkeit ist entscheidend, denn Markt, Kundenbedürfnisse und Technologien können sich schnell ändern. Damit du den Matchball machst, musst du als erfolgreicher Gründer in der Lage sein, blitzschnell deine Strategie anzupassen und neue Taktiken zu entwickeln.

Um den Grand Slam nach Hause zu holen, braucht es Geduld und Spucke! Hast du Disziplin, Flexibilität und ein positives Mindset? Prima, dann kannst du die ersten Punkte auf deiner Checkliste schon mal abhaken. Denn all das wirst du auf dem Weg zu deinem unternehmerischen Matchball brauchen!

Du solltest dir außerdem im Klaren darüber sein, dass die Unternehmensgründung eine langfristige Bindung ist, die mit allerlei Verantwortung einhergeht.

2.1.9 Verpflichtung

Bist du bereit, dich wirklich dauerhaft auf dein Business einzulassen oder liebäugelst du nur ein bisschen mit deiner Gründung und betrachtest sie viel mehr als ein kleines Experiment oder Projekt, um es bei der ersten Hürde wieder über Bord zu werfen?

Während ein Projekt zeitlich befristet ist und wie ein Tinder-Date nur kurzfristiges Engagement bedeutet, braucht es für eine langfristige Bindung und die Gründung eines Unternehmens ein Ziel, eine Mission und eine langfristige Vision, sonst endet die Geschäftsidee schneller, als deine Steuernummer vom Finanzamt bei dir angekommen ist. Du brauchst Weitsicht und eine klare Strategie, um es bis zur goldenen Hochzeit zu schaffen.

Und ähnlich wie bei der Planung einer Hochzeit solltest du in der Lage sein, die finanziellen Investitionen stets im Blick zu behalten. Brauchst du tatsächlich den großen Saal und einen Haufen Bedienstete oder tut es auch der Garten vor dem Haus deiner Eltern?

Brauchst du wirklich schon ein eigenes Büro und ein paar Angestellte oder schaffst du es am Anfang auch erst mal mit einem Schreibtisch in der eigenen Wohnung und vielleicht ein bis zwei Freischaffenden? Gleichzeitig gibt es Ausgaben, die nötig sind: Du kannst ein kurzes Abenteuer anpeilen, ohne dein Date zum Essen einzuladen, aber bei der Hochzeit wollen deine Gäste bestimmt etwas essen.

So kannst du also auch ein kurzfristiges Projekt vielleicht ohne Werbekosten durchziehen, aber für eine Gründung werden ein paar notwendige Kosten anfallen, damit dein Business anlaufen kann.

Eine Gründung will wohlüberlegt sein, denn schließlich handelt es sich im Idealfall um eine Ehe. Damit die langfristige Bindung funktioniert, musst du in der Lage sein, strategisch zu denken und Entscheidungen mit Weitsicht zu treffen. Und du solltest dir im Klaren sein, dass du für diese Bindung die Verantwortung trägst.

2.1.10 Verantwortung

Selbstständig – selbstbestimmt – Selbstverantwortung

Wie oft hast du im Angestelltenverhältnis Dinge gemacht, die du selbstbestimmt so nicht tun würdest? Hast Sachen verkauft, hinter denen du nicht standest; Aufgaben nach Vorgabe abgearbeitet und schon vor der Umsetzung gewusst: »Das wird so nichts«? Der Chef wollte es aber nun mal so.

In diesen Situationen hast du dir bestimmt das eine oder andere Mal gewünscht, selbstbestimmt zu arbeiten, dein eigener Chef zu sein, selbst entscheiden zu können, was du wann und wie machst. Klar, sonst würdest du nun nicht mit der Selbstständigkeit liebäugeln. Aber hast du dir wirklich schon mal überlegt, was es bedeutet, dein eigener Chef zu sein?

Dein eigener Chef zu werden, bedeutet nicht nur, eigene Entscheidungen treffen zu können und selbstbestimmt zu arbeiten. Es heißt auch, dass die komplette Verantwortung auf deinen Schultern ruht. Die Selbstständigkeit bedeutet Marketing, Kundenakquise, Steuern, Versicherung und Verwaltung. Und es bedeutet, dass du dann für all diese Dinge haftest – unter Umständen auch mit deinem Privatvermögen.

Der Schritt in die Selbstständigkeit sollte deshalb wohlüberlegt sein. Wenn du ein Haus bauen willst, musst du wissen, welche Schritte nacheinander zu gehen sind – schließlich baust du dein Fundament nicht auf Treibsand. Du fängst auch nicht mit dem Einbau der Fenster an, wenn die Wände noch gar nicht hochgezogen sind. Du lässt keinen Maler die Dusche anschließen und den Sanitärinstallateur nicht deine Wände bemalen.

Genauso ist es mit der Gründung. Du solltest wissen, worauf du dich einlässt: Du solltest die betriebswirtschaftlichen Hintergründe deiner Gründung kennen und Versicherungen, Steuern und Finanzen im Blick behalten. Dafür brauchst du als Unternehmer keinen Master in BWL, Steuerrecht oder Jura – aber wenn du etwas nicht selbst weißt oder kannst, solltest du dir Unterstützung dafür einholen.

Wer selbstständig ist, ist auch selbstverantwortlich. Arbeitest du im Angestelltenverhältnis für einen Chef, hast du in der Selbstständigkeit deine Kunden, die dich anweisen. Sie sagen dir, was sie benötigen und wofür sie bereit sind, die Summe X zu bezahlen. Wenn der Auftrag für dich passt, dann setzt du den Job so um, dass der Kunde glücklich ist.

Deine Freiheit liegt darin, dass du gewisse Dinge nicht machen und gewisse Kunden nicht annehmen musst, sofern es deine finanzielle Situation erlaubt. Du kannst deine Arbeitszeit frei wählen, sofern du remote arbeitest und nicht an Ladenöffnungszeiten oder -lokalitäten gebunden bist. Doch grundsätzlich gilt: je größer der Druck, desto kleiner die Freiheit.

Im Angestelltenverhältnis hast du Anspruch auf eine Lohnfortzahlung im Urlaub und bei Krankheit. Wenn du selbstständig bist, hast du das nicht. Selbstständige versuchen, in der Arbeitszeit so viel Gewinn zu erzielen, dass sie genug zurücklegen können, um Urlaub, Krankheit und anderweitige Einkommensausfälle mitfinanzieren zu können. Das ist möglich, weil du selbstständig mehr verdienen kannst als im Angestelltenverhältnis. Du arbeitest aber meistens auch mehr.

Mich macht es, ehrlich gesagt, ziemlich wütend, wenn halbstarke Möchtegern-Business-Coaches in den sozialen Medien behaupten, sie wüssten, wie man mit fünf Stunden Arbeit pro Woche ein Millionen-Business aufzieht. Ja, wenn du Krypto-Milliardär bist, mag das vorkommen. Aber es ist in keinem Fall die Regel! Ich weiß aus langjähriger persönlicher Erfahrung und von meinen Kunden, dass eine geregelte 38-Stunden-Woche – gerade beim Business-Aufbau – eher die Ausnahme ist.

Aber wenn deine Basis und dein »Warum« stimmen, dann wird es dich auch nicht stören, viel zu arbeiten. Schließlich ist es ja dein Herzensprojekt, deine Leidenschaft, mit der du die Gründung wagen willst. Mein Motto lautet: »Wer seine Arbeit liebt, hat immer frei!« Es fühlt sich einfach nicht nach Arbeit an, wenn du das tust, was dein Herz erfreut. Denn dann kommst du automatisch in einen Flow hinein und fühlst dich gut. Die Stunden fliegen dann nur so an dir vorbei und du musst dich eher zwingen, aufzuhören, anstatt weiterzuarbeiten.

Das ist eben oft das Gegenteil deines Jobs im Angestelltenverhältnis. Deshalb ist es auch so wichtig, dass du dich mit dem selbstständig machst, was dir richtig Spaß macht und dich beflügelt!

Natürlich kann eines deiner Ziele finanzielle Freiheit sein. Aber dafür benötigst du erst mal ein solides Fundament (auch hier bestätigen Ausnahmen die Regel).

Gleichzeitig ist es wichtig, dass du deine Bedürfnisse nicht übergehst und auf dich achtest. Wie viele Pausen du zwischendrin brauchst und wie viel du pro Tag arbeiten kannst und willst, ist natürlich sehr individuell und von Mensch zu Mensch verschieden.

Ich weiß beispielsweise, dass mein Arbeitspensum für viele andere puren Stress bedeuten würde. Für mich fühlt es sich nicht so an. Gleichzeitig pflege ich eine gute Balance zwischen Arbeit, Familie und Freizeit. Ich habe kurz vor der Geburt meines Sohnes beispielsweise auch mit gutem Gewissen aufgehört und bin in Elternzeit gegangen. Nach etwa zehn Monaten hatte ich allerdings auch wieder Hummeln im Hintern und wollte mich wieder meinen Projekten widmen.

Denk daran: Du bist das Wichtigste in deinem Leben! Für sich selbst verantwortlich zu sein, bedeutet, dass du auf deine Bedürfnisse achtest. Wie bereits erwähnt, verlangt der Start deiner Selbstständigkeit viel Einsatz. Je nachdem, wie stark dich deine Arbeit einnimmt, besteht die Gefahr, dass sie dich ausbrennt. Dann hast du nichts gewonnen, sondern verloren. Zeiten der Regeneration, soziale Kontakte und Hobbys sind immens wichtig für deine Gesundheit und deine Leistungsfähigkeit.

Wenn du gründest, übernimmst du auch dafür die Verantwortung. Keine Chefin und kein Betriebsrat setzen sich dann mit dir hin und fragen dich, ob es dir gut geht oder ob du eine Pause brauchst. Du trägst dann Verantwortung für dein Handeln. Mit der Gründung kommt also viel Eigenverantwortung auf dich zu – nicht nur für dein Einkommen, für Steuer- und Rechtsfragen und so weiter, sondern auch für deine persönlichen Bedürfnisse.

»Wer keine Fehler macht, macht wahrscheinlich auch sonst nichts.«

2.2 »Bin ich der Gründertyp?« (Teste dich selbst)

Jetzt geht's ans Eingemachte! Bringst du die Eigenschaften mit, die du für eine erfolgreiche Gründung brauchst? Beantworte bitte den folgenden Fragebogen und sei dabei so ehrlich, wie du nur sein kannst – alles andere rächt sich sonst ohnehin früher oder später:

1. Selbstreflexion und Kundenorientierung

- Kannst du dich kritisch hinterfragen und deine Stärken sowie Schwächen einschätzen?
- Bist du bereit, regelmäßig Entscheidungen und dein Verhalten zu reflektieren und gegebenenfalls anzupassen?
- Kannst du professionell und kundenorientiert mit verschiedenen Situationen umgehen?
- Sind dir die grundlegenden Regeln der Kundenorientierung bewusst und bist du bereit, diese in deinem Unternehmen zu leben?

Platz für deine Notizen:

2. Lernbereitschaft

- Bist du bereit, dich lebenslang weiterzubilden und dich immer wieder neuen Herausforderungen zu stellen?
- Suchst du aktiv nach Unterstützung von Coaches und Trainerinnen, um deine Fähigkeiten zu verbessern?
- Verfolgst du Gesetzesänderungen, Markttrends und passt deine Strategien entsprechend an?
- Siehst du die Gründung als einen ständigen Lernprozess, der Flexibilität und Anpassung erfordert?

Platz für deine Einfälle:

3. Selbstmotivation

- Bist du in der Lage, dich selbst zu motivieren und klare Arbeitsziele zu setzen?
- Kennst du deine inneren Antreiber und kannst du sie benennen?
- Welche externen Einflüsse oder Rahmenbedingungen helfen dir, produktiv und motiviert zu bleiben?
- Hast du beispielsweise genug Biss und Disziplin, um bis zum Ende durchzuhalten, oder gibst du sofort auf, wenn es mal schwierig wird?

Platz für deine Ideen:

4. Ein starkes »Warum«

- Hast du eine klare Mission, die über rein finanzielle Ziele hinausgeht?
- Kannst du deine Werte definieren und in deinem Unternehmen umsetzen?
- Glaubst du, dass deine Mission stark genug ist, um dir in schwierigen Zeiten als mentale Unterstützung dienen zu können?
- Bist du bereit, Entscheidungen und Aktivitäten an deiner Mission auszurichten?

Platz für deine Gedankenfetzen:

5. Selbstvertrauen

- Besitzt du genug Selbstvertrauen, um dein Unternehmen aktiv zu präsentieren und zu bewerben?
- Traust du dich, über deine Angebote und Leistungen zu sprechen und Kunden zu gewinnen?
- Kannst du mit Mut und Selbstvertrauen Entscheidungen für dein Unternehmen treffen?
- Betrachtest du Selbstvertrauen als eine wichtige Eigenschaft für eine erfolgreiche Gründung?

Platz für deine Einfälle:

6. Empathie

- Besitzt du die Fähigkeit, die Bedürfnisse und Absichten deiner Kundinnen sowie Geschäftspartner wahrzunehmen?
- Kannst du dich in die Lage anderer Menschen hineinversetzen und entsprechend reagieren?
- Glaubst du, dass Empathie nicht nur für die Kundenkommunikation, sondern auch für die Mitarbeiterbeziehungen wichtig ist?
- Bist du bereit, Empathie zu erlernen, wenn du in diesem Bereich Defizite siehst?

Platz für deine Ideen:

7. Kreativität

- Denkst du über den Tellerrand hinaus und betrachtest auch zukünftige Entwicklungen?
- Kannst du kreative Lösungen für Probleme finden und neue Ideen entwickeln?
- Siehst du Kreativität als wichtigen Faktor für die Entwicklung von Produkten und Marketingstrategien?
- Bist du bereit, etablierte Floskeln zu vermeiden und deinen eigenen kreativen Ansatz zu finden?

Platz für deine geistigen Ergüsse:

8. Flexibilität

- Bist du bereit, dich den sich ändernden Marktbedingungen anzupassen?
- Kannst du schnell auf neue Herausforderungen reagieren und deine Strategie anpassen?
- Glaubst du, dass Flexibilität eine entscheidende Fähigkeit für den unternehmerischen Erfolg ist?
- Siehst du die Notwendigkeit, blitzschnell neue Taktiken zu entwickeln, um auf Veränderungen zu reagieren?

Platz für deine Einfälle:

9. Verpflichtung:

- Betrachtest du die Gründung als langfristige Bindung und nicht nur als vorübergehendes Experiment?
- Hast du klare Ziele, eine Mission und eine langfristige Vision für dein Unternehmen?
- Bist du bereit, die finanziellen Investitionen im Auge zu behalten und strategisch zu denken?
- Siehst du die Selbstständigkeit als langfristige Verantwortung, die sorgfältige Planung erfordert?

Platz für deine Notizen:

10. Verantwortung

- Kannst du die vollständige Verantwortung für deine Entscheidungen und Handlungen übernehmen?
- Siehst du die Verantwortung als integralen Bestandteil der Unternehmensführung?
- Bist du bereit, die Verantwortung für das Wohlergehen deiner Mitarbeiter und Kunden zu übernehmen?
- Glaubst du, dass Verantwortungsbewusstsein zu einem positiven Image und Erfolg deines Unternehmens beiträgt?

Platz für deine Notizen:

Wenn du die meisten Fragen mit einem klaren »Ja!« beantworten kannst, ist das schon mal ein gutes Zeichen dafür, dass du grundsätzlich die Voraussetzungen für eine erfolgreiche Gründung mitbringst!

Im nächsten Kapitel kannst du herausfinden, ob du eher der Unternehmertyp bist oder mehr für die Solo-Selbstständigkeit gemacht bist.

2.3 Einzel- oder Doppelspieler? (Unternehmer oder solo-selbstständig)

Es vergeht kaum ein Tag, an dem ich nicht mit einer gedankenlosen Sales-E-Mail bombardiert werde, in der mir ein Möchtegern-Coach seinen »goldenen Weg« in den Business-Himmel aufdrücken will.

Die klingen dann so oder so ähnlich: »Hallo Mona Wiezoreck, es ist nicht deine Schuld, nicht zu wissen, wie man sich einzigartig spezialisiert, ein hochpreisiges Angebot mit System verkauft und magnetisch Kunden anzieht. Du suchst nach einer Lösung, um endlich zu skalieren und keine Zeit mehr gegen Geld zu tauschen? Herzlichen Glückwunsch! Du hast mich gefunden!« Oder: »Hey Frau Wiezoreck, wollen Sie auch ein Leben in finanzieller Fülle und Unabhängigkeit leben? Dann habe ich die magische Formel für Sie, mit der Sie schon nach einem Monat alles erreichen können, was Sie sich immer erträumt haben!«

Am meisten nervt mich an solchen Kaltakquise-Nachrichten nicht, dass die Typen nicht wenigstens kurz auf mein Profil geschaut haben, bevor sie mir ungefragt ihr überteuertes Angebot unterjubeln wollen – denn sonst hätten sie ja vermutlich entdeckt, dass ich mich sehr spitz positioniert habe und seit Jahren erfolgreich als Gründercoach tätig bin. Am meisten ärgert mich auch nicht, dass diese Menschen automatisch davon ausgehen, dass ihre Definition von Erfolg automatisch auf jeden anderen da draußen zutrifft.

Nein, am meisten ärgert mich, dass die Sätze so formuliert sind, dass sie davon ausgehen, dass ich **nicht** erfolgreich bin. Plötzlich sprechen alle nur noch vom *Skalieren*, als ob das ein Allheilmittel wäre!

Das ist Blödsinn. Außerdem: Damit *Skalieren* funktioniert, brauchst du ein solides Fundament. Das ergibt sich oft erst dann, wenn sich ein Geschäftsmodell etabliert hat und man es weiterentwickelt.

Ja, jeder will Freiheit, reisen und zeit- und ortsunabhängig sein. Aber dazu braucht es auch ein gewisses finanzielles Polster. Wenn ich mich als virtuelle Assistentin und digitale Nomadin auf Bali selbstständig mache und nur ein paar Stunden pro Monat arbeiten will, dann schaffe ich das in der Regel nicht. Und dann bin ich auch keine Unternehmerin, sondern selbstständig.

Ein skalierbares Business und finanzielle Freiheit aufzubauen, erfordern harte Arbeit. Für das Unternehmertum braucht es Zeit, Ausdauer und ein klares Geschäftsmodell. Selbstständig zu sein und im 1:1 Klienten zu coachen – oder wie es so schön heißt, »Zeit gegen Geld zu tauschen« –, ist kein Geschäftsmodell. Das kann man machen und das funktioniert auch. Und es ist völlig in Ordnung, wenn du selbstständig bist und bleibst.

Ein Geschäftsmodell zu entwickeln, bedeutet, ein Konzept aufzubauen, bei dem ich jederzeit weiß, dass auch dann Geld in die Kasse fließt, wenn ich mal krank bin, im Urlaub bin oder mich mit anderen Projekten beschäftige – das berühmte »passive Einkommen« also. Es ist mehr als nur »selbstständig sein«.

Doch nicht jeder Existenzgründer ist zum Unternehmersein geboren. Und ich verrate dir noch etwas: Es muss auch nicht jeder Selbstständige früher oder später ein Unternehmen aufbauen. Genauso wenig muss jeder, der gut Tennis spielt, gleich Trainer werden. Manche sind viel glücklicher damit, ihr Leben lang als Freiberufler Kindern Tennisunterricht zu geben und nichts mit unternehmerischen Gedanken zu tun zu haben.

Du solltest dir also prinzipiell Gedanken darüber machen, ob du ausschließlich fachliche Kompetenz »leben« möchtest, wie zum Beispiel Coaching. Soll also der größte Teil des Arbeitstags daraus bestehen, Menschen zu coachen? Oder geht es in Richtung Unternehmertum? Beides ist völlig in Ordnung. Das eine ist nicht besser oder schlechter als das andere.

Ich habe von Anfang an darauf hingearbeitet, ein Unternehmen aufzubauen. Ich hatte von Beginn an einen konkreten Plan im Kopf und auf dem Papier, mit klaren Zielen, Vertrauen in mein Geschäftsmodell und mich. Aber es hat gedauert und es gab auch immer wieder einige Hürden zu überwinden. Doch ich habe an mich geglaubt, habe mein Ziel nie aus den Augen verloren und bin letztlich meinen Weg gegangen.

Es gibt viele Selbstständige, die glauben, sie wären Unternehmer, beschäftigten sich aber in ihrem beruflichen Alltag nur mit Kleinigkeiten und dem »Daily Business«. Die Frage, die ich diesen Menschen gerne stellen würde, ist: Willst du wirklich Unternehmer sein? Denn das bedeutet, AM Unternehmen zu arbeiten und nicht nur IM Unternehmen.

Wenn du gründest, musst du diese Frage noch nicht direkt beantworten können – das darf sich auch entwickeln. Aber es ist wichtig zu verstehen, dass die Selbstständigkeit und das Unternehmertum zwei verschiedene Dinge sind. Ich sehe da oft Verwirrung.

Willst du wirklich Unternehmer sein, musst du bestimmte Aufgaben erfüllen. Stell dir die Frage, wer du bist, wo du hinwillst und was du erreichen möchtest – und vor allem: Sei ehrlich mit dir! Ich habe Unternehmerinnen getroffen, die mit ihrem skalierbaren Produkt plötzlich unfassbar erfolgreich waren und dann aber alles in den Sand gesetzt haben, weil sie nicht zum Unternehmertum gemacht waren. Ich habe Menschen getroffen, die sich auf einmal fernab ihrer fachlichen Arbeit wiederfanden und mit Personalverantwortung, Unternehmensstrategien und Bilanzierungen konfrontiert waren, obwohl sie eigentlich am liebsten nur programmieren wollten.

Wenn du groß denken möchtest, musst du früher oder später beispielsweise den Mut aufbringen, den ersten Mitarbeiter einzustellen, denn ein erfolgreiches Unternehmen entsteht selten durch die Bemühungen einer Einzelperson. Doch das bedeutet immer, finanziell in Vorleistung zu gehen – natürlich bedeutet das nicht, gleich drei Angestellte auf einmal einzustellen, aber wenn du wachsen willst, musst du dich mit anderen Dingen beschäftigen können als mit dem täglichen

Kleinkram. Dann brauchst du Mitarbeiter, die dir Arbeit abnehmen und dir den Rücken freihalten. Das ist ein weiterer Schritt in Richtung Freiheit und Wachstum. Dazu gehört natürlich auch eine gute Portion Führungskompetenz, um ein effektives Team aufzubauen.

Also: Überlege gut, was du wirklich willst. Sei ehrlich zu dir selbst und plane langfristig. Das Unternehmertum bringt Verantwortung und Herausforderungen mit sich, aber wenn du es wirklich willst, lohnt es sich. Hab den Mut zur Entscheidung und sei bereit, Verantwortung zu übernehmen. Denn am Ende geht es darum, wer du wirklich sein möchtest.

Selbstständig oder Unternehmer? Finde es heraus:

- Setz dich an einen ruhigen Ort und **mach dir Notizen zu deinen beruflichen Zielen, Werten und Fähigkeiten.** Überlege, ob du eher der Typ bist, der gerne unabhängig arbeitet und direkten Einfluss auf alle Aspekte seines Jobs hat (Selbstständigkeit), oder ob du Freude daran hättest, ein Team zu führen und ein größeres Unternehmen aufzubauen (Unternehmertum).

Platz für deine Geistesblitze:

- **Kannst du delegieren?** Ich konnte das immer schon sehr gut. Mein Vater hat mal zu mir gesagt: »Delegieren ist deine Paradedisziplin!« Doch wenn du Aufgaben abgibst, sollten sie genau beschrieben sein. Ansonsten musst du es am Ende trotzdem selbst machen oder bekommst das Etikett: »Sie ist sich zu fein, um zu arbeiten oder ›niedere Tätigkeiten‹ zu verrichten.« Delegieren bedeutet Fingerspitzengefühl und viel Vertrauen in deine Mitarbeiter – und es bedeutet vor allem eines: **loslassen** können!

Platz für deine Ideen:

- **Erstelle eine Liste deiner Persönlichkeitsmerkmale**, sowohl Stärken als auch Schwächen. Was treibt dich an? Welche Stärken ergeben sich daraus? Was willst du vermeiden, was sollte in deinem beruflichen (oder auch privaten) Leben nicht passieren?

  Hier ein kurzes Beispiel: Vielleicht spürst du einen starken Drang nach finanzieller Freiheit, damit du dir materielle Dinge leisten kannst, die für dich nach außen hin signalisieren: »Ich bin ein erfolgreicher Unternehmer«. Gleichzeitig magst du es aber gar nicht, ständig strategische Entscheidungen zu treffen. Außerdem gehst du nicht gern neue Wege und magst lieber Routinen und dass alles so bleibt, wie es ist. Beides steht einem erfolgreichen Unternehmertum eher im Weg. Dann ist es wichtig, diese Erkenntnisse ehrlich in deine Überlegungen einzubeziehen: Selbstständigkeit oder Unternehmertum? Setze alles auf die Liste und schau sie dir anschließend in Ruhe und gewissenhaft an. Dann weißt du, wo du dich eher siehst.

Platz für deine Notizen:

- **Stell dir vor, du führst bereits ein kleines Unternehmen oder bist selbstständig**. Wie fühlt sich das an? Bist du motiviert? Überfordert? Aufgeregt? Glaubst du, du würdest besser in einer Rolle gedeihen, in der du die volle Kontrolle hast, oder in einer, in der du strategisch denkst und andere leitest?

Platz für deine Geistesblitze:

____
____
____
____
____
____
____
____
____
____
____
____

- **Sprich mit Menschen, die bereits selbstständig oder Unternehmer sind.** Frage sie nach ihren Erfahrungen und Herausforderungen. Achte darauf, wie du auf ihre Geschichten reagierst. Fühlst du dich inspiriert, dich ihren Herausforderungen zu stellen, oder denkst du, dass du das lieber vermeiden würdest?

Platz für deine Einfälle:

____
____
____
____
____
____
____
____
____
____
____
____

Nachdem du diese Übungen durchgeführt hast, nimm dir Zeit, um die Ergebnisse zu reflektieren. Es ist wichtig, zu beachten, dass diese Übungen keine endgültigen Antworten liefern, sondern dazu dienen, dir dabei zu helfen, deine Präferenzen und Fähigkeiten besser zu verstehen. Beide Wege haben ihre Vor- und Nachteile; also wähle den, der am besten zu deinen Zielen und deiner Persönlichkeit passt.

In die Beantwortung der Frage, ob du eher zum Selbstständigen oder Unternehmer taugst, spielen noch viele weitere Aspekte hinein, an die du vielleicht noch gar nicht gedacht hast, die du aber auch nicht ad hoc für dich beantworten musst.

Ich mag das bereits erwähnte *Reiss Motivation Profile®* aber vor allem auch deshalb so gern, weil es Dinge über uns zum Vorschein bringt, die ansonsten oft ein Leben lang verborgen geblieben wären.

Nehmen wir beispielsweise an, du hast die vorherigen Fragen mit »Ja« beantwortet. Dann würdest du vermutlich eine Zukunft als Unternehmer anpeilen. Aber wenn du gleichzeitig jemand bist, der viel Flexibilität in der Gestaltung seiner Arbeitszeit und Ordnungsstruktur braucht und außerdem vielleicht wenig Kontakt zu Menschen bevorzugt, dann könnte es dich auf lange Sicht belasten, wenn du täglich mit Mitarbeitern zu tun hast, die vielleicht sogar noch anders ticken als du.

Ich möchte dir ein weiteres Beispiel nennen: Ich habe mal in einem Unternehmen sowohl mit dem Geschäftsführer als auch mit seinen Mitarbeitern ein *Reiss Motivation Profile®* gemacht. Es zeigte sich, dass der Geschäftsführer viele Ausprägungen besaß, die für einen Unternehmer äußerst vorteilhaft sind: Er war sehr ehrgeizig, fleißig, mutig und stand für sich und sein Unternehmen ein. Tatsächlich war das Unternehmen auch sehr erfolgreich. Doch es gab ein entscheidendes Problem: Das Geschäftsmodell konnte langfristig nur mit guten Mitarbeitern funktionieren. Doch hier zeigte sich eine der Schwächen des Geschäftsführers: Er brachte keinerlei Wertschätzung für seine Angestellten mit. Das heißt: Du kannst noch so viele Kernkompetenzen fürs Unternehmertum mitbringen – wenn du nicht in der Lage bist, deine Mitarbeiter zu halten, bringt das alles aber nichts.

Du solltest dir also grundsätzlich immer auch die Fragen stellen: Kann und **will** ich Mitarbeiter führen? Bin ich dafür geeignet? Bin ich in der Lage, meinem Team zu vertrauen; behandle ich sie wertschätzend? Schaffe ich es, sie langfristig an mein Unternehmen zu binden? Habe ich außerdem ein gutes Gespür für die richtigen Mitarbeiter? Habe ich ein gutes Anforderungsprofil für sie? Denn eines muss dir klar sein: Ein Mitarbeiter ist keine eierlegende Wollmilchsau!

All diese Aspekte sollten in deine Überlegungen rund um die Themen *Selbstständigkeit* oder *Unternehmertum* einfließen, erst dann kannst du für dich eine Entscheidung treffen und guten Gewissens sagen: »Nein, das (eine oder andere) bin ich nicht – das mag vielleicht für andere passen, aber für mich nicht!« Du musst diese Entscheidung nicht am Anfang treffen, es ist nur wichtig, dass du schon einmal ein Gespür dafür bekommst, damit du nicht zum Frischfleisch für all die *Skalier*-Gurus da draußen wirst …

»Quatschen allein reicht nicht!«

Kapitel 3
Das Fundament (fachliche Kompetenzen eines Gründers)

Ich gebe zu, ich liebe es, wenn der Applaus so richtig aufbrandet und die Leute begeistert sind. Denn wenn ein Vortrag zu meinem Lieblingsthema *Gründung* ein voller Erfolg war, freue ich mich einfach darüber, so viele Menschen inspiriert zu haben! Und wer weiß? Vielleicht ist ja sogar die eine oder der andere dabei, dem ich die entscheidende Zündung gegeben habe, um jetzt den Schritt in die Selbstständigkeit zu wagen.

Als der Applaus bei meinem letzten Vortrag langsam abebbte und die Lichter im Saal wieder angingen, schnappte ich mir meine Wasserflasche und wollte gerade einen großen Schluck trinken, als jemand aus dem Saal meinen Namen rief. Ich drehte mich um und blickte in ein freudestrahlendes Gesicht:

»Der Hammer!«, sagte ein Mann mittleren Alters und blieb vor mir stehen: »Frau Wiezoreck, Sie sind eine unfassbar tolle Geschichtenerzählerin! Und Sie strahlen so viel Sicherheit aus! Das musste ich einfach loswerden.«

Ich lächelte verschmitzt und bedankte mich.

»Zu jedem Kapitel, das Sie fachlich vortragen, haben Sie die passende Anekdote auf Lager. Das macht Ihren Vortrag lebhaft, authentisch und witzig«, fuhr der Mann mit dem schütteren Haar und dem freundlichen Lächeln fort.

Natürlich freue ich mich immer, wenn meine Geschichten gut ankommen, denn ich weiß selbst, wie furchtbar »betreutes Lesen« ist – also, wenn ein Vortrag nur abgelesen wird. Mit den vielen wunderbaren und auch absurden Anekdoten aus meiner langjährigen Berufstätigkeit und meiner nun schon 20-jährigen Erfahrung als Unternehmerin könnte ich ganze Vortragsserien füllen.

Doch quatschen allein reicht nicht!
Meine Erfahrung ist nicht deshalb wertvoll, weil ich mit meinen Storys gelangweilte Teilnehmer aus dem Konferenz-Koma wiedererwecke. Sondern, weil ich anderen damit helfen kann. Andersherum gilt: Wenn jemand nichts erzählen kann über den Bereich, in dem er gründen möchte, dann ist die Person auch nicht glaubwürdig.

Versteh mich nicht falsch: Du musst kein Storyteller, Entertainer oder Speaker sein, um erfolgreich dein Unternehmen zu gründen. Aber wenn du keinerlei Erfahrung in deinem Bereich mitbringst, dann kannst du anderen auch nichts mitgeben – und das spüren die Menschen in der Regel. Eine solide Gründung setzt fachliche Kompetenz in dem Bereich voraus, in dem die Gründung erfolgen soll. Viel Reden ohne fachliches Fundament funktioniert auf Dauer nicht.

Derzeit wird die Gründerszene von der Vorstellung beherrscht, man müsse nur Kunden überzeugen können und dann läuft es schon. Wer kennt nicht wenigstens einen Business-Coach, der dir Reichtum über Nacht verspricht? Klar, du musst natürlich erst mal den wahnsinnig »großartigen« Online-Kurs für den Spottpreis von 12.000 Euro buchen, dann erfährst du in zwei Tagen alles, was du für die ersten fünf Millionen Euro Umsatz wissen musst!

Kommt dir das nicht auch komisch vor? Super, dann sind wir schon zu zweit! Dennoch lässt sich der eine oder andere Gründer davon verführen. In meiner Arbeit begegne ich jedenfalls noch immer Selbstständigen, die wertvolles Startkapital in schlechte Marketingmaßnahmen oder Marketing-Coachings investieren, nur um am Ende mit nichts dazustehen. Denn das Problem ist, dass kein Online-Marketingkonzept der Welt laufen kann, wenn du kein funktionierendes Geschäftsmodell hast.

Natürlich bin auch ich aus ganzem Herzen Unternehmerin und verdiene gerne Geld damit. Aber noch lieber blicke ich glücklich in den Spiegel. Leute über den Tisch zu ziehen, ist aus meiner Sicht nur kurzfristig gedacht. Ich stehe für nachhaltigen und professionellen Unternehmensaufbau und gebe das auch in meinen Coachings so weiter.

»Umsatz kommt von Umsetzen.«

Natürlich brauchst du als Gründer ein gewisses positives »Mindset«, wie ich im vorherigen Kapitel bereits ausführlich erwähnt habe. Du brauchst Mut und Durchhaltevermögen, um dich in die Selbstständigkeit zu wagen. Manchmal muss man auch mal etwas aushalten (etwa abstruse Rückfragen vom Finanzamt oder ungerechtfertigte, emotionale *Google*-Rezensionen). Wenn du dich hingegen verkriechst und glaubst, dass deine Unternehmensidee ohnehin zum Scheitern verurteilt ist, dann ist das sicherlich keine gute Voraussetzung für die Gründung. Die Motivation muss stimmen und vor allem deine Mission. Wenn du also die Übung zur Mission im vorangegangenen Kapitel noch nicht gemacht hast, dann hole das jetzt bitte nach.

Deine Mission ist klar? Wunderbar! Dann geht es jetzt weiter mit deiner Vision, bevor wir uns deiner fachlichen Kompetenz widmen.

Deine Vision

Mithilfe deiner Mission wird es dir auch leichter fallen, deine Vision herauszuarbeiten – also deine langfristige Perspektive, wohin du mit deinem Unternehmen steuern möchtest. Wenn die Mission der Mörtel ist, ist die Vision das Dach deines Unternehmens – das höchste Ziel, nach dem du mit deiner Mission strebst. Eine kraftvolle Vision geht über die rein wirtschaftlichen Ziele deiner Unternehmung hinaus.

Wenn du deine Vision formulierst, dann gehört da also nicht (nur) hinein: »Ich möchte in zehn Jahren eine Million Gewinn pro Jahr machen«, sondern eine positive Skizze deiner Zukunft, in der du mit deinem Unternehmen etwas Bemerkenswertes erreicht hast. Gleichzeitig muss sie zu dir passen. Wenn finanzieller Erfolg deine oberste Priorität ist, darfst du fleißig sein.

Wichtig ist, dass du wirklich groß denkst und träumst – am besten in den buntesten Farben und Formen. Willst du langfristig zwei, 20 oder sogar 200 Mitarbeiter beschäftigen? Willst du vielleicht sogar einen gesellschaftlichen Wandel bewirken und Millionen Menschen mit deiner Idee glücklich machen?

Visionssimulation:
Die folgende Übung dient dazu, dein Unternehmensdach – deine Vision – so konkret wie möglich zu beschreiben und sie greifbar zu machen.

Stell dir vor, wie ein durchschnittlicher Arbeitstag in etwa zehn Jahren in deiner zukünftigen Selbstständigkeit aussehen könnte. Beschreibe, wie du dann arbeiten wirst, mit wem du interagieren, was genau du tun wirst und für wen. Du kannst es dir einfach nur vorstellen, aufschreiben oder zeichnen. Deiner Kreativität sind keine Grenzen gesetzt.

Wenn du dich mit deiner Vision auseinandergesetzt hast, hast du einen weiteren Baustein für deine Gründung ausgearbeitet. Du darfst dennoch weiterhin offenbleiben, denn deine Vision kann sich über die Jahre hinweg verändern – zum Beispiel, wenn du sie bereits erreicht hast …

3.1 Wie sieht dein fachliches Fundament aus?

Doch so wichtig deine Mission, Vision und dein Mindset als Basis auch sind – das allein reicht nicht! Das möchte ich an dieser Stelle betonen. Kunden fallen nicht vom Himmel, nur weil ich das einmal ins Universum gerufen habe. Meine Erfahrung aus mehr als 1.000 Gründungscoachings und meiner eigenen beruflichen Laufbahn hat mir gezeigt, dass ein gutes Mindset nur einen kleinen Teil des Erfolgs ausmacht. Ein viel größerer Teil ist die fachliche Kompetenz.

Beispiele:
Wenn ich mich als Virtuelle Assistentin für Social Media selbstständig machen möchte, aber denke, dass gutes Content-Marketing bedeutet, das eigene Mittagessen zu posten, sollte die Gründung besser noch einmal überdacht werden.

Oder: Wenn ich mich beispielsweise als Unternehmerin selbstständig mache und ein sogenanntes »Money-Mindset-Coaching«[11] anbiete, aber selbst keinen müden Euro auf dem Konto habe, ist das nicht besonders überzeugend.

Das sind natürlich sehr extreme und plakative Beispiele, die so nicht an der Tagesordnung sind. Aber ich hoffe, du verstehst, was ich meine. Denn derzeit wird der Markt von Coaches und Life-Trainerinnen überschwemmt. Natürlich ist da auch die eine oder der andere dabei, bei denen ich mich ehrlich gesagt frage, ob diese Person überhaupt weiß, wovon sie spricht. Wenn ich etwas vermitteln möchte, sollte ich es zumindest einmal selbst erlebt haben.

Du würdest doch sicher auch nicht bei jemandem Tennisstunden nehmen, der nicht Tennis spielen kann, oder dir von jemandem einen Zahn ziehen lassen, der keinerlei zahnmedizinische Erfahrung hat, oder? Nur weil ich eine Schere halten kann, kann ich dir keine Frisur schneiden.

Wie könnte ich eine Gründungsberatung anbieten, ohne jemals selbst ein Unternehmen gegründet zu haben, also über keinerlei fachliche Kompetenz verfüge? Ich persönlich könnte das nicht, weil es sich für mich nicht gut anfühlt. Deswegen habe ich grundsätzlich immer nur Dinge angeboten, die ich selbst in der Praxis erlebt habe. Es soll aber auch hier Ausnahmen geben und Menschen, die sich sehr schnell in unterschiedliche Bereiche einarbeiten können.

---

11 Eigene Definition: Ein »Money-Mindset-Coaching« unterstützt Einzelpersonen dabei, ihre Einstellungen, Überzeugungen und Denkmuster bezüglich des Geldes zu hinterfragen und zu transformieren, um finanzielle Ziele zu erreichen und ein gesundes Verhältnis zu Geld zu entwickeln.

Deswegen: Fachliche Kompetenz ist das Fundament einer soliden Gründung. Stell dir vor, du baust ein Haus ohne Fundament. Im besten Fall kommt es früher oder später zu Rissen in den Wänden oder am Boden. Im schlimmsten Fall senkt sich das Gebäude ab und du stehst vor den Trümmern deiner Existenz, wie 2009 beim Stadtarchiv in Köln[12]. Natürlich sollte die fachliche Kompetenz nicht in irgendeinem Bereich vorhanden sein, sondern in dem Berufsfeld, in dem du dich selbstständig machen willst.

Fachliche Kompetenz ist wichtig. Allerdings spielt es eher eine untergeordnete Rolle, wie du diese erworben hast. Du brauchst kein abgeschlossenes Studium in dem entsprechenden Bereich, in dem du gründen möchtest. Deine fachliche Kompetenz kann aus deiner eigenen Erfahrung heraus entstehen, oder mithilfe einer Weiterbildung erfolgen. Ganz viele Gründer denken gar nicht daran, dass sie im Laufe des Berufes sehr viel Erfahrung und somit Wissen angesammelt haben. Ihre Ausbildung oder das Studium sind solide Fundamente – und dann geht es erst richtig los!

Leider denken trotzdem viele Menschen in unserer Gesellschaft noch immer, dass man sich nur mit dem Beruf selbstständig machen kann, den man zu Beginn seines Berufslebens mal erlernt hat, und das, obwohl zahlreiche Biografien das Gegenteil beweisen. Früher hast du einen Beruf gelernt und danach in einem Betrieb angefangen, in dem du bis zur Rente geblieben bist.

Vielleicht hast du sogar deine Lehre dort gemacht. Aber »einmal Thyssen – immer Thyssen« gibt es heute kaum noch – und es ist auch selten, wenn heute noch generationenübergreifend ganze Familien für einen Konzern arbeiten.

In einer Welt, die sich immer schneller dreht, in der sich die Gesellschaft ständig verändert und technische Neuerungen nicht mehr in Jahrzehnten oder Jahren auf uns einprasseln, sondern täglich, gibt es zahlreiche Möglichkeiten, wie du auch als Quereinsteiger auf einen dienstleistenden Beruf umschulen kannst. Du hast heute

12 Vgl. https://www1.wdr.de/archiv/stadtarchiv-ubahn/index.html; besucht am 30.04.2024.

unendlich viele Möglichkeiten, dir selbst mit geringen finanziellen Mitteln und ohne Bildungsabschluss unterschiedlichste Kompetenzen anzueignen.

Zahlreiche Weiterbildungen werden kostenlos oder kostengünstig im Netz angeboten. Viele Coaches und Trainer bieten Gratis-Webinare oder Challenges an, in denen du dich zu einem bestimmten Thema weiterbilden kannst. Der einzige Haken: Du musst es eben auch tun.

Bist du dir sicher, dass deine fachliche Kompetenz ausreicht, oder zweifelst du noch?

In jedem Fall rate ich dir, einen ausführlichen Business-Plan zu erstellen, denn im Zuge dessen wirst du alles noch einmal gut durchdenken müssen.

Falls du bereits daran scheiterst, dein Vorhaben zu formulieren, könnte es daran liegen, dass deine Idee noch nicht tragfähig ist und dein Fundament noch Arbeit braucht. Sollten deine Zweifel unbegründet sein und deine fachliche Kompetenz ausreichen, wirst du deinen Business-Plan problemlos erstellen können.

100 Ausbildungen sind nicht genug!

Während sich die einen zu wenig Gedanken über ihre fachliche Kompetenz machen, driften andere in die entgegengesetzte Richtung ab: Sie setzen eine Ausbildung auf die nächste Coaching-Weiterbildung und bauen ihren Sprungturm immer höher. Anstatt endlich den Sprung ins kalte Wasser zu wagen, bauen sie lieber weiter.

Hier fehlt es meiner Ansicht nach an der richtigen Balance zwischen Ausbildung und Anwendung: Ich kann noch so viele Weiterbildungen und Studien absolvieren; wenn ich mein Wissen nicht anwende, bleibt es stets nur Theorie. Glaub mir, du wirst fachlich nicht besser, weil du die 93. Ausbildung machst, sondern wenn du dein erlerntes und trainiertes Wissen in der Praxis anwendest. Denn auch hier gilt: Du kannst schwer vermitteln, was du nicht vorlebst und noch nie selbst erlebt hast. Oder wie mein Vater immer so schön sagte: »Wenn man ein Studium beendet, fängt man erst so richtig an!« Auf die richtige Balance kommt es also an.

Sonderfall Hochstapler-Syndrom

Das Impostor-Syndrom, auch als Hochstapler-Syndrom bekannt, ist ein psychologisches Phänomen, bei dem eine Person das Gefühl hat, ihre Umwelt zu betrügen und Anerkennung und Erfolge nicht wirklich zu verdienen – und das, obwohl sie objektiv kompetent ist. Menschen, die unter dem Impostor-Syndrom leiden, zweifeln an ihren eigenen Fähigkeiten und fühlen sich oft unsicher und ängstlich in Bezug auf ihre Leistungen. »Etwa 70 Prozent aller Menschen machen mindestens einmal in ihrem Leben Bekanntschaft mit dem Impostor-Syndrom«[13], fanden Forschende in einer umfassenden Analyse des Forschungsstands 2011 heraus. Doch vor allem Frauen sind von diesem Phänomen betroffen. Typischerweise zeigen sich beim Impostor-Syndrom folgende Merkmale:

Perfektionismus: Betroffene setzen sich oft hohe Standards und haben Schwierigkeiten, ihre eigenen Erfolge zu akzeptieren, wenn diese nicht perfekt sind.

Übermäßige Selbstkritik: Sie neigen dazu, sich selbst stark zu kritisieren und Fehler oder Unvollkommenheiten übermäßig zu betonen.

Mangelndes Selbstbewusstsein: Betroffene neigen dazu, Erfolge auf äußere Umstände wie Glück oder Zufall zurückzuführen, anstatt ihre eigenen Fähigkeiten anzuerkennen und darauf zu vertrauen.

Dauerhafter Stress: Das Impostor-Syndrom kann zu anhaltendem Stress, Angstzuständen und einem ständigen Gefühl der Unzulänglichkeit führen.[14]

Wenn all diese Punkte in hohem Maße auf dich zutreffen, dann ist es vielleicht jetzt an der Zeit, dich mit dir selbst auszusöhnen und dir

---

13 https://www.sciencetheearth.com/uploads/2/4/6/5/24658156/2011_sakulku_the_impostor_phenomenon.pdf; besucht am 30.04.2024.

14 Vgl. https://www.aok.de/pk/magazin/koerper-psyche/psychologie/impostor-syndrom-symptome-und-loesungsansaetze/; besucht am 30.04.2024.

selbst die Anerkennung zu geben, die du verdienst. Klingt leicht? Das ist es sicherlich nicht – aber möglich.

Du hast bereits viele Ausbildungen erfolgreich abgeschlossen? Das ist keinesfalls eine Reihe von Zufällen, sondern das Ergebnis deines unermüdlichen Einsatzes, deiner Intelligenz und deiner Fähigkeiten. Du bist nicht nur aus Zufall an diesen Punkt gelangt; du hast hart dafür gearbeitet.

Ich möchte dich ermutigen, darüber nachzudenken, was du in all diesen Ausbildungen gelernt hast. Du hast ein breites Spektrum an Fähigkeiten und Wissen erworben, das dir eine einzigartige Perspektive verschafft.

Der Schritt zur Gründung mag im ersten Moment einschüchternd erscheinen und es ist normal, Ängste und Unsicherheiten zu verspüren, besonders, wenn du dich auf unbekanntes Terrain begibst. Aber sieh diese Gefühle als Zeichen deines Wachstums und deiner Bereitschaft, neue Herausforderungen anzunehmen. Du bist fähig, du bist kompetent und vor allem verdienst du es, deinen eigenen Weg zu gehen. Du hast die Werkzeuge, das Wissen und die Erfahrung, um erfolgreich zu sein. Lass nicht zu, dass das Impostor-Syndrom dich davon abhält, deine Träume zu verwirklichen.

3.2 Die drei wichtigsten fachlichen Bausteine

Ich stelle dir jetzt drei Bausteine vor, die nötig sind, um dein Unternehmensgebäude auf sichere Beine zu stellen:

1. **Fachliche Ausbildung**: Das kann ein Studium oder eine Berufsausbildung sein, auf deren Basis du erste Berufserfahrung gesammelt hast.
2. **Erfahrung**: Hier spielt nicht nur die Berufserfahrung eine Rolle, sondern gegebenenfalls auch Lebenserfahrung.
3. **Weiterbildung/Coachingausbildung**: Idealerweise hast du dich in deinem Bereich weitergebildet oder eine Zusatzausbildung absolviert, die dein Gründungsvorhaben stabilisiert und dir eine zusätzliche Expertise verleiht.

In meinem Fall sind die Bausteine folgendermaßen aufgebaut:

1. **Solide kaufmännische Ausbildung:** Dadurch habe ich mir unter anderem kaufmännische Kenntnisse erworben.
2. **Mehr als 20 Jahre Berufs- und Unternehmererfahrung:** Ich habe mein kaufmännisches Wissen über viele Jahre in der Praxis angewendet und habe mehrere Unternehmen mitgegründet sowie geführt.
3. **Coachingausbildung:** Um Gründer optimal zu unterstützen, reicht es nicht, nur theoretisches Wissen und Praxiserfahrung einer Gründung mitzubringen. Es bedarf meiner Ansicht nach auch methodischer Coachingkenntnisse, um auf die individuellen Bedürfnisse meiner Klienten eingehen zu können.

Meine drei Säulen haben mich optimal auf meine Unternehmensgründung als Gründungscoach vorbereitet und bilden das tragende Fundament für meine Tätigkeit. Lass uns die Bausteine mal an einem anderen Beispiel anschauen:

3.2.1 Die fachlichen Bausteine bei der Virtuellen Assistenz

Jana möchte sich gerne als virtuelle Assistentin selbstständig machen. Sie bringt bereits eine kaufmännische Ausbildung mit und verfügt über drei Jahre Berufserfahrung in diesem Bereich. Sie glaubt auch, dass sie eine gute virtuelle Assistentin sein könnte, da es ihr Spaß macht, sich in unterschiedliche Bereiche einzuarbeiten und anderen Menschen gerne organisatorische Aufgaben abzunehmen. Mit den sozialen Medien ist sie allerdings weniger vertraut. Sie postet gelegentlich einmal etwas auf *Instagram*, aber wie man Werbung schaltet oder eine Content-Strategie aufbaut, weiß sie nicht.

Folglich fehlt ihr ein wichtiger Baustein: Um als virtuelle Assistentin dauerhaft erfolgreich zu sein, absolviert sie zusätzlich eine Ausbildung zur Social-Media-Managerin.

Jetzt kann es endlich losgehen. Jana ist gerüstet und ihrer Gründung steht nichts mehr im Weg.

3.2.2 Wie steht es um deine fachlichen Bausteine?

Wie gut du aufgestellt bist, kann ich nicht für dich entscheiden. Zumindest nicht, ohne mit dir persönlich darüber gesprochen zu haben. Denn jeder Mensch ist anders. Wenn du zu denen gehörst, die den Absprung nicht schaffen und von einer Ausbildung zur nächsten hechten, dann hilft der objektive Blick von außen. Idealerweise von jemandem, der sich mit Gründungen auskennt und Ahnung von den Ängsten hat, die in den meisten Fällen mit einer Gründung einhergehen.

Eine erste Einschätzung könnte dir auch deine Antworten auf die folgenden Fragen geben.

Nimm dir jetzt am besten einen Stift und dein Notizbuch zur Hand und ein paar Minuten ungestört Zeit, um die folgenden Fragen ehrlich zu beantworten:

1. Sei ehrlich zu dir selbst: Wie steht es um deine fachliche Kompetenz? Reicht sie aus?
2. Wo hast du vielleicht noch Defizite? Wo kannst du noch Erfahrungen und Kenntnisse ausbauen?
3. Sind deine Ausbildung und Praxiserfahrung in guter Balance, oder ist eine der Säulen noch deutlich kleiner als die anderen?
4. Fühlst du dich sicher genug in dem, was du machen möchtest?
5. Willst du die Gründung wirklich oder halten dich vielleicht diffuse Ängste oder andere Gründe davon ab, den Schritt nach draußen zu wagen?
6. Hast du dich schon einmal mit der klassischen Gründungsvorbereitung (zum Beispiel die Erstellung eines Business-Plans) beschäftigt? Falls nein: warum nicht?
7. Kannst du dein Thema glaubhaft vermitteln und Antworten liefern, wenn dich jemand danach fragt?

Platz für deine Gedankensammlung:

Vielleicht müssen für deine Gründungsvorbereitung noch ein paar Hausaufgaben erledigt werden. Vielleicht steht dein Gründungshaus aber auch auf wackligem Fundament, weil einer oder mehrere Bausteine fehlen. Hier lohnt es sich, ehrlich zu dir selbst zu sein – alles andere rächt sich später. Solltest du feststellen, dass eine Weiterbildung nötig ist, gibt es vielleicht sogar ein Förderprogramm, welches du dafür nutzen kannst!

Idealerweise bist du bestens aufgestellt. Prima, dann kann es ja jetzt mit dem Business-Plan weitergehen. Warum du diesen Punkt deiner Gründung auf keinen Fall überspringen solltest, erfährst du im nächsten Kapitel.

Kapitel 4
Gründen ohne Plan ist wie ein Kettensägenmassaker (der Business-Plan)

Stell dir eine staubige Landstraße inmitten der texanischen Einöde vor. Fünf abenteuerlustige Teenager schlagen sich auf einem Roadtrip gen Süden durch. Auf ihrer Fahrt stoßen sie auf Gerüchte von Kannibalen, die die friedliche Landschaft angeblich mit einem grauenvollen Geheimnis verdunkeln. Sensationsgier treibt die Jugendlichen zu einem verfallenen Haus am Ende einer verlassenen Straße. Die fünf steigen aus und wollen dem Geheimnis auf die Spur gehen. Plötzlich heult das markerschütternde Brüllen einer Kettensäge durch die Stille der Einöde. Die Teenager ahnen nicht, dass der Roadtrip zu ihrem schlimmsten Albtraum werden wird.

Neugierde und Abenteuerlust sind wunderbare Eigenschaften – auch für Gründer. Aber damit dein Business nicht endet wie das Kettensägenmassaker im Kult-Horrorfilm *The Texas Chainsaw Massacre*[15], brauchst du ein solides Fundament.

Zeit, dass wir über den **Bauplan deiner Gründung** sprechen: den **Business-Plan**! Er ist das A und O zur Vorbereitung auf deine Selbstständigkeit und sollte alle Details und Pläne darüber enthalten, wie dein Unternehmen beziehungsweise deine Solo-Selbstständigkeit aufgebaut, betrieben und entwickelt werden soll. Er definiert die Strategien, Ziele, Ressourcen, Marktanalyse und vieles mehr. Er gibt dir, dem Architekten und Vorstand deines Business – und auch deinen Stakeholdern – eine klare Vorstellung davon, wie deine Gründung funktionieren wird.

Zu jedem Business-Plan gehört übrigens ein **Finanz-Plan**. Dieser ist in vier verschiedene Berechnungen aufgeteilt: Rentabilitätsplan, Investitionsplan, Finanzierungsplan und Liquiditätsplan. Der

15 Hooper, T. (1974). The Texas Chain Saw Massacre, Film.

Finanz-Plan ist deshalb wichtig, weil er darstellt, ob sich dein Gründungsvorhaben wirtschaftlich rechnet; welche Investitionen nötig sind; wie diese finanziert werden und ob die Liquidität zu jeder Zeit gesichert ist. Das alles wird im Rahmen des Finanz-Plans errechnet. Kommst du am Ende zu dem Ergebnis, dass alles zusammenpasst, steht deiner Gründung nichts mehr im Weg.

4.1 Brauche ich wirklich einen Business-Plan?

Viele Gründer glauben, dass ein Business-Plan für die Bank oder die Arbeitsagentur geschrieben wird. Dem ist jedoch nicht so! Schau einmal in den Spiegel: Der Mensch, der dich dann anlächelt, ist die Hauptfigur, für die du den Business-Plan aufstellst. Dieser Plan dient also in erster Linie dir selbst.

Ich möchte sichergehen, dass du das voll und ganz verstehst: Ein Business-Plan ist für die Vorbereitung der Gründung genauso wichtig wie der Bauplan für den Bau eines Hauses. Klar, du kannst auch einfach losziehen und Stein auf Stein legen, aber dann ist die Wahrscheinlichkeit groß, dass dein Haus am Ende nicht nur schief steht, sondern auch beim ersten Windhauch einstürzt. Ähnlich ist es mit dem Business-Plan: Egal, ob du einen Gründungszuschuss oder ein Darlehen beantragst, egal, ob du allein oder mit einem Geschäftspartner gründest, der Business-Plan gibt dir Orientierung und eine Richtung, wohin dein Unternehmen sich entwickeln soll.

Für mich hat er eine ganz besondere Bedeutung – sowohl in der Gründung als auch im Unternehmertum. Obwohl ich meinen Plan bereits vor vielen Jahren geschrieben habe, liegt er tatsächlich bis heute in meiner Schreibtischschublade. Gelegentlich hole ich ihn aus der Schublade und schmökere bei einer Tasse Kaffee über meinem Plan. Ich schaue mir an, was ich damals geplant hatte, was davon aufgegangen ist und was nicht.

Ich reflektiere, evaluiere und erkenne, wo ich vielleicht etwas nachjustieren möchte. Das macht richtig Spaß, denn es ist ja auch eine kleine Reise in die Vergangenheit und ich kann daran ablesen, was in dieser Zeit alles passiert ist und wie sehr sich mein Unternehmen weiterentwickelt hat. Ein wunderbares Gefühl – allein deshalb schon solltest du es dir nicht nehmen lassen, einen Business-Plan zu schreiben. Ich jedenfalls genieße jeden Moment, in dem der Gründer mit Stolz erfüllt vor mir steht und seinen fertigen Business-Plan in den Händen hält.

Doch noch viel wichtiger ist: Der Plan gibt dir Sicherheit, denn durch die Erstellung wirst du liebevoll dazu gezwungen, dich mit jedem einzelnen Detail deiner Gründung auseinanderzusetzen. Der Plan gibt dir dabei eine gewisse Struktur vor, die du Kapitel für Kapitel durchgehst. Dabei setzt du nicht nur Stein auf Stein und schreibst den Plan einfach so runter – vielmehr soll die Erstellung eine große Reflexionsarbeit sein, ein permanentes Brainstorming und am Ende ein Ideenpool, in dem im Idealfall deine ganze Kreativität steckt. Stell ihn dir wie einzelne Puzzleteile vor, die erst am Ende und in der Gesamtheit ein vollständiges Bild beziehungsweise ein vollständiges Geschäftskonzept ergeben.

In meinen Gründungscoachings stelle ich immer wieder fest, dass jeder Gründer eine andere Stärke mitbringt und einen anderen Teil des Business-Plans und der Gründung hervorragend meistert. Der eine hat zum Beispiel bereits eine wahnsinnig gute Strategie entwickelt, um langfristig Kunden zu finden. Die andere zeichnet sich dadurch aus, dass sie extrem viel fachliche Kompetenz mitbringt und ein Dritter ist vielleicht schon ganz tief in rechtlichen und steuerrechtlichen Themen drin.

Am Ende ist es aber fast immer so, dass ich bei meinen Coachees Bereiche sehe, die noch sorgfältiger und besser vorbereitet sein oder in die noch mehr Gedankenschmalz investiert werden sollten. Für den Gründer sind vor allem die blinden Flecke wichtig – also die Fragen, die bisher eher vermieden wurden oder die der Gründer bisher gar nicht auf der Agenda hatte, die jedoch wichtig für die Gründung sind. Durch die Struktur des Business-Plans und einer professionellen Begleitung werden diese in jedem Fall sichtbar und du erlebst am Ende kein böses Erwachen – zum Beispiel durch eine ungeplante

Nachzahlungsforderung der gesetzlichen Krankenkasse oder vom Finanzamt.

Doch am Ende ist es stets ein wunderbarer und auch emotionaler Moment, wenn ein Gründer den Business-Plan in den Händen hält und stolz ist, dass er sich da durchgearbeitet hat. Ich erinnere mich an die Zeiten vor Corona, als ich mit meinen Coachees noch ganz viel in Präsenz gearbeitet habe und wir zum Abschluss des Gründercoachings den Business-Plan tatsächlich auch in Papierform ausgedruckt, in eine schöne Mappe geheftet und feierlich übergeben haben. Da haben die Gründer erst gemerkt, was das eigentlich bedeutet, und es floss das eine oder andere Tränchen der Rührung und des Stolzes. Auch für mich ist es immer ein wunderbarer Moment und ein tolles Gefühl, wenn der Plan ausgearbeitet ist und die Gründer mit viel Sicherheit und Vertrauen in sich selbst und in die Gründungsidee in die Welt der Unternehmer entlasse. Allein dafür brauchst du aber natürlich keinen Business-Plan.

Falls du jedoch immer noch zweifelst, ob du die Zeit und Mühe wirklich investieren willst, habe ich dir im Folgenden vier gute Gründe aufgelistet, warum du auf jeden Fall mit einem Business-Plan in deine Selbstständigkeit starten solltest.

4.1.1 Der Business-Plan zur Reflexion deiner Gründungsidee

Bei der Erstellung des Business-Plans gehst du auf alle Details ein und kannst deine Gründungsidee weiter ausbauen. Das wird einige Prozesse in dir lostreten. Du wirst dir Fragen stellen müssen, wie: »Warum werde gerade *ich* mit meiner Geschäftsidee Erfolg haben?«

Jedenfalls wird deine Reflexion durch das Schreiben des Business-Plans massiv beschleunigt und das führt am Ende dazu, dass auch dein Unternehmen schneller Erfolge feiern wird. Denn dadurch, dass du alles gut durchdacht hast, wirst du vermutlich schneller an Kunden kommen, schneller Umsatz machen und schneller wachsen. Durch den Business-Plan wirst du aber auch das Vertrauen und die Sicherheit in deine Selbstständigkeit bekommen.

4.1.2 Der Business-Plan gibt dir Sicherheit

Mit jedem Kapitel deines Plans erkennst du mehr, dass du ein solides Fundament für deine Selbstständigkeit schaffst. Fragen, die aufkommen, identifizierst du bereits im Vorfeld und bekommst dann schon Antworten und Lösungen.

Stell es dir so vor: Am Ende hast du mit deinem Business-Plan ein Grundgerüst und vielleicht sogar ein fertiges Haus erarbeitet, das du nur noch umsetzen musst. Du hast dir bereits alle wichtigen Fragen beantwortet und kennst die Gesetzeslage für dein Vorhaben – ähnlich wie ein Architekt, der auch zuerst einen Plan erstellt, bevor er ein Bauunternehmen beauftragt. Du weißt, mit welcher Rechtsform du am besten gründest, wie viele Mitarbeiter du haben willst, von wo aus und wie du arbeiten wirst, und kennst deine Zielgruppe.

Durch den Business-Plan beschäftigst du dich einfach intensiv mit deiner Gründungsidee. Das ist nicht nur wichtig in Momenten, in denen du voll und ganz von dir und deinem Business überzeugt bist, sondern auch in Zeiten, in denen es mal nicht so gut läuft. Es ist ganz normal, dass solche Momente aufkommen, in denen du vielleicht denkst: »Warum zum Teufel tue ich mir das eigentlich an? Warum suche ich mir nicht einfach wieder einen Job, mit dem ich regelmäßig Geld verdiene und mich um sonst nichts kümmern muss?«

Außerdem entwickelst du eine gewisse Sicherheit. Du weißt dann zum Beispiel konkret, welche Dienstleistung du bietest, welche Angebotspakete beziehungsweise welches Honorar du für welche Leistung nimmst. Du weißt, woher deine Kunden kommen und wie du das mit der Sozialversicherung regelst. Du hast eine Marktanalyse durchgeführt und kennst deine Wettbewerber und vieles mehr. Einfach jedes Puzzleteil, das du brauchst. Das wird dich wieder aufbauen, denn die Wahrscheinlichkeit, dass dann noch alles schiefgeht, ist ziemlich gering!

4.1.3 Der Business-Plan, um Fördermittel zu beantragen

Du brauchst einen Business-Plan, wenn du Förderungen beantragen willst. Damit meine ich entweder den Gründungszuschuss, der von der *Agentur für Arbeit* gezahlt wird, oder das Einstiegsgeld – das ist das Pendant vom Jobcenter für alle, die Bürgergeld beziehen. Ebenso benötigst du einen Business-Plan, wenn du einen Kredit beantragen möchtest. Denn er ist das Erste, wonach die Bank fragen wird. Anschließend erfolgt die Kreditprüfung und die Bank bietet dir nach erfolgreicher Prüfung einen Kredit (zum Beispiel einen KfW-Kredit) an.

Der Business-Plan ist der Schlüssel für finanzielle Förderungen, die dir den Start in die Selbstständigkeit erleichtern. Grundsätzlich gilt: Je schneller einer dieser Entscheidungsträger, die am Ende über dein Darlehen oder deinen Zuschuss entscheiden, dein Gründungsvorhaben versteht und je weniger Fragen offenbleiben, desto besser ist der Plan.

4.1.4 Der Business-Plan gibt dir Struktur

In jedem Fall bekommst du durch den Business-Plan eine Struktur. Du wirst dir durch die Erstellung des Plans genau überlegen, wo welcher Baustein hinkommt, damit du am Ende keinen Schiefen Turm von Pisa vor dir stehen hast. Im Rahmen des Business-Plans bearbeitest du alle Bereiche, wie Firmierung, Finanzen, Rechtsstandort, Zielgruppe, Mitbewerber, Werbung und Förderung – wirklich alles systematisch, vollständig und aufeinander aufbauend. Diese Struktur bietet ebenfalls Sicherheit; und diese ist für eine gute Gründungsvorbereitung unbezahlbar wichtig.

4.1.5 Der Business-Plan als Überblick über deine Finanzen

Durch die Erstellung des Finanzteils des Business-Plans findest du nicht nur heraus, ob dein Geschäftsmodell tragfähig ist, sondern lernst auch, wie du deine Finanzen künftig selbst im Blick behalten kannst. Auch wenn du planst, deine Buchhaltung vom Steuerberater machen zu lassen, solltest du dennoch in der Lage sein, die BWA (Betriebswirtschaftliche Auswertung) zu verstehen, die er generiert.

Leider ist das in der Praxis häufig nicht der Fall – im Gegenteil: Viele Selbstständige und Unternehmer wollen mit ihren Finanzen so wenig wie möglich zu tun haben. Doch auch hier gilt (wie in eigentlich allen Bereichen): »Als Unternehmer muss ich immer wissen, wo ich stehe!«

Ein Business- und Finanz-Plan ist für deine Gründungsvorbereitung also absolut essenziell!

Journaling-Übung

Bevor ich jetzt konkreter werde und mit dir die einzelnen Punkte durchgehe, die du für den Business-Plan berücksichtigen solltest, möchte ich dich bitten, dir fünf Minuten Ruhe zu nehmen und für dich folgende Fragen zu beantworten:

- »Was ist für mich der wichtigste Grund, um einen Business-Plan zu schreiben?«
- »Welche Bausteine der Gründung identifiziere ich als Herausforderung und möchte sie gerne im Business-Plan beantwortet haben?«

Platz für deine Notizen:

Notiere die Antwort hier oder in deinem Notizbuch – und wenn du magst, zusätzlich auf einen Zettel, den du dir bei der Erarbeitung deines Plans – und auch in Zukunft – immer wieder anschauen kannst.

Er soll deine Motivation sein, einen strukturierten und sauberen Bauplan für dein Gründungsvorhaben zu erarbeiten.

»Gründung ist keine Blaupause.«

4.2 Die Bausteine jedes Business-Plans

Auch formal hat ein Business-Plan eine gewisse Struktur. Dieser besteht nicht nur aus Excel-Tabellen und entsprechenden Finanzübersichten, sondern zu einem Großteil aus einem Fließtext. In diesem Textteil muss dein vollständiges Geschäftskonzept, mit allem, was dazu gehört, beschrieben und sorgfältig ausformuliert werden. Je nach Gründer und Gründungsvorhaben sind das etwa zwölf bis 20 DIN-A4-Seiten Text in Schriftgröße zehn bis elf. Aber das ist nur eine ungefähre Richtung, denn es gibt zahlreiche Faktoren, die durchaus zu mehr Seiten führen könnten.

Dazu kommen die nötigen Finanztabellen, die in Form von Excel-Tabellen und Zahlen das abbilden, was du im anderen Teil beschrieben hast, und einen Überblick darüber bieten, ob sich deine

Gründungsidee rechnen wird. In den seltensten Fällen haben Gründer in ihrem Leben schon mal einen Business-Plan geschrieben – selbst wenn du das vielleicht im Rahmen eines BWL-Studiums mal gemacht hast, war das vielleicht zu theoretisch und du bist dir trotzdem unsicher. Zudem ist es etwas völlig anderes, einen Business-Plan für das eigene Unternehmen zu schreiben anstatt für ein fiktives Beispiel im Studium.

Doch egal, ob du bereits Erfahrung damit mitbringst oder ein unbeschriebenes Blatt bist: Im Rahmen eines Gründungscoachings, das du bei der *Agentur für Arbeit* beantragen kannst, nehme ich dich gern an die Hand und erarbeite den Plan gemeinsam mit dir (worauf es bei der Antragstellung des Gründercoachings und auch des Gründungszuschusses ankommt, erkläre ich im nächsten großen Kapitel ganz ausführlich).

Für den Textteil des Business-Plans empfehle ich dir, eine bewährte Strukturvorlage zu suchen, die du dann mit deinen Inhalten füllen kannst. Ich arbeite seit vielen Jahren mit derselben Struktur, die in 99 Prozent aller Fälle zum Erfolg geführt hat. Das ist im Grunde eine Art **Kapitelstruktur**, innerhalb derer einiges an individueller Freiheit möglich und wünschenswert ist. Folgende Kapitel sollten in deinem Business-Plan auf keinen Fall fehlen:

1. **Zusammenfassung**
2. **Die Gründerperson**
3. **Geschäftsmodell und Organisation**
   3.1 Rechtsform
   3.2 Standort
   3.3 Personalbedarf
4. **Dein Produkt / deine Dienstleistung**
   4.1 Beschreibung
   4.2 Kundennutzen
   4.3 Wie und wo produziere ich / erbringe ich die Dienstleistung
   4.4 Preisstrategie

5. **Branche und Markt**
   5.1 Branchen- und Marktanalyse
   5.2 Kundenzielgruppen
   5.3 Wettbewerber
6. **Marketing und Vertrieb**
   6.1 Vertriebskonzept
   6.2 Kommunikation
   6.3 Markteintritt
7. **Realisierung**
   7.1 Stand der Entwicklung
   7.2 Meilensteine
   7.3 Chancen und Risiken
8. **Finanz-Plan**
   8.1 Rentabilitätsplan
   8.2 Investitionsplan
   8.3 Finanzierungsplan
   8.3 Liquiditätsplan

Doch egal, welche Struktur du verwendest, bitte mach dir die Mühe, sie selbst zu schreiben und nicht mithilfe von Copy-and-paste bei anderen abzuschreiben. Bitte tu dir auch selbst den Gefallen, nicht mal schnell bei *ChatGPT* einen Business-Plan-Text für dein Unternehmen generieren zu lassen. Das mag funktionieren und vielleicht bekommst du sogar einen halbwegs akzeptablen Text damit hin, doch du überspringst damit einen essenziellen Schritt deiner Gründungsvorbereitung: die Reflexion. Darüber hinaus erkennen Entscheidungsträger noch immer gut, ob du dir selbst Gedanken gemacht und der Text aus deiner Feder stammt, oder ob du irgendwo abgeschrieben oder den Plan generiert hast.

Gerade wenn du planst, einen KfW-Kredit – oder auch ein anderes Darlehen – zu beantragen, wirst du den Entscheidungsträger nie kennenlernen, der über dein Darlehen entscheidet, sondern deinen Business-Plan für sich sprechen lassen müssen – das hat der Gesetzgeber so vorgegeben. Das heißt, sobald diese Person in der

Bank (oder auch in der *Agentur für Arbeit* oder im Jobcenter) deinen Business-Plan gelesen und zur Seite gelegt hat, muss für sie klar sein: »Das ist eine großartige Gründungsidee und der Gründer hat das Format, sie erfolgreich umzusetzen!« Und das sollte dabei auch dein Anspruch sein.

Vielleicht fragst du dich jetzt, wie viel Zeit du für die Erarbeitung deines Business-Plans einplanen solltest. Darauf gibt es keine Pauschalantwort. Dein **realistischer Zeitplan** hängt von mehreren Faktoren ab. Zum Beispiel davon, wie weit die Vorbereitung schon in deinem Kopf abrufbar ist und du es »nur noch« herunterschreiben musst, oder ob da noch viele Fragezeichen in dir herumwirbeln. Wenn bereits alles klar vor dir steht, brauchst du vielleicht nur wenige Tage für das Verfassen deines Textteils. Doch dafür musst du alles bedacht haben.

4.2.1 Der Bauplan (die Kurzbeschreibung)

Hier geht es erst einmal darum, eine prägnante Übersicht des Business-Plans zu erstellen, die die wichtigsten Informationen zu deinem geplanten Unternehmen enthält. Ich empfehle dir, die Zusammenfassung erst ganz am Ende zu schreiben, denn mit dem Schreiben des Plans wirst du einige Reflexionsprozesse durchlaufen, die viele der Überlegungen, die du im Vorfeld gemacht hast, vermutlich nochmal über den Haufen werfen werden. Wenn deine Zusammenfassung dann schon steht, musst du sie mit großer Wahrscheinlichkeit nochmal umschreiben.

4.2.2 Das Objektexposé (die Gründerperson)

Hier geht es darum, dich selbst als Gründer zu beschreiben. Deine fachliche Kompetenz ist ein wesentlicher Bestandteil in diesem Kapitel. Besonders bei der Beantragung eines Gründungszuschusses bei der *Agentur für Arbeit* ist das essenziell.

Beginne mit einer klaren Vorstellung deiner beruflichen Qualifikationen und Erfahrungen. Teile mit, welche Ausbildungen, Zertifikate oder Fortbildungen dich für deine Selbstständigkeit qualifizieren. Wenn du dich beispielsweise als Lektor selbstständig machen willst, dann erwähne ruhig, wie viel Begeisterung du schon in der Grundschule für Rechtschreibung und Bücher aufgebracht und wie du anderen beim Erlernen der Grammatikregeln geholfen hast.

Ebenso kannst du persönliche Eigenschaften, die vorteilhaft für dich als Gründer sind, aufführen. Vielleicht bist du besonders verantwortungsvoll oder kannst sehr gut auf Menschen zugehen? Ob Verantwortungsbewusstsein, Flexibilität oder soziale Kompetenzen – hier kannst du kurz auf die Soft Skills eingehen, die deine Arbeitsweise prägen. Zeige deine Motivation und Leidenschaft für dein Unternehmen und die gewählte Tätigkeit. Warum gehst du diesen Weg? Was begeistert dich an deiner Arbeit? Eine ehrliche Antwort kann hier Vertrauen schaffen. Wenn du ein Coaching-Unternehmen gründen willst, dann bring rüber, wie empathisch du bist, dass Menschen schnell Vertrauen zu dir fassen und du schon häufig von Kollegen und Freunden das Feedback erhalten hast, dass du gut darin bist, Menschen zu motivieren.

Erwähne eventuell auch dein berufliches Netzwerk und bestehende Kontakte. Du musst nicht beweisen, dass du als einsamer Wolf alles allein meistern kannst – zeige vielmehr, dass du Unterstützung und Verbindungen in der Branche hast.

Schließlich betone kurz deine Gründerpersönlichkeit und eventuelle Alleinstellungsmerkmale. Was macht dich als Person und Unternehmer einzigartig? Im Rahmen dieses Kapitels muss deine fachliche Kompetenz deutlich werden: Wann hast du welche Ausbildung gemacht; was hast du an Weiterbildungen absolviert, die für diese Gründung hilfreich sind; in welchem Rahmen hast du bereits relevante Berufserfahrung gesammelt?

Dieser Abschnitt ist eine Glanzlichtersammlung und gleichzeitig eine ehrliche Vorstellung deiner selbst im Kontext deines geplanten Vorhabens.

4.2.3 Einfamilienhaus oder Wohnkomplex (die Rechtsform)?

Siehst du dich eher in der Eigentumswohnung oder in einem großen Wohnkomplex mit mehreren Partnern?

Ähnlich wie beim Hausbau musst du dir auch für deine Gründung und bereits für den Business-Plan Gedanken darüber machen, welches Format das Richtige für dich ist.

Damit du einen ersten Überblick über die Unterschiede und Vor- und Nachteile der jeweiligen Rechtsform bekommst, stelle ich dir in diesem Kapitel die wichtigsten Rechtsformen vor.

Die Eigentumswohnung: Freiberufler

Du bist Freiberufler, wenn du eigenständig eine Dienstleistung für Auftraggeber erbringst. Allerdings gibt es keine einheitliche Definition. Im Gewerberecht heißt es, Freiberufler seien jene Selbstständige, die »freier wissenschaftlicher, künstlerischer und schriftstellerischer Tätigkeiten höherer Art sowie persönlicher Dienstleistungen höherer Art, die eine höhere Bildung erfordern«.[16]

Mit »höherer Bildung« ist in diesem Zusammenhang der Abschluss an einer Hoch- oder Fachhochschule gemeint.[17] Unter § 18 Abs. 1 Nr. 1 Satz 2 im Einkommensteuergesetz (EStG) wird die freiberufliche Tätigkeit als »selbstständig ausgeübte wissenschaftliche, künstlerische, schriftstellerische, unterrichtende oder erzieherische Tätigkeit« bezeichnet.[18]

Das Gesetz listet gewisse Berufsgruppen (*Katalogberufe*) auf, die unter die sogenannten *Freien Berufe* fallen – zum Beispiel (die Liste des

---

16 https://www.ihk.de/magdeburg/recht/gewerberecht-ordner/gewerbeordnung/freier-beruf/abgrenzung-gewerbe-und-freier-beruf-1717318; besucht am 08.02.2024.

17 https://www.ihk.de/magdeburg/recht/gewerberecht-ordner/gewerbeordnung/freier-beruf/abgrenzung-gewerbe-und-freier-beruf-1717318; besucht am 08.02.2024.

18 https://www.gesetze-im-internet.de/estg/BJNR010050934.html#BJNR010050934BJNG001408140; besucht am 08.02.2024.

Einkommenssteuergesetzes findest du unter dem entsprechenden Link, der im Literaturverzeichnis angegeben ist):

- Rechtsanwälte, Notare und Patentanwälte
- Ärzte
- Zahnärzte
- Ingenieure
- Architekten
- Handelschemiker
- Wirtschaftsprüfer und Steuerberater
- Beratende Volks- und Betriebswirte sowie Buchprüfer
- Heilpraktiker
- Physiotherapeuten
- Journalisten
- Dolmetscher und Übersetzer
- Lotsen
- und ähnliche Berufe.[19]

Beim Coaching ist die Einstufung oft unklar oder hängt stark vom Geschäftsmodell ab. Im Zweifelsfall entscheidet ein Gericht darüber, ob du als Freiberufler giltst.

Als Freiberufler musst du jedenfalls weder Gewerbesteuern zahlen noch die doppelte Buchführung betreiben. Dem Finanzamt reicht in der Regel am Ende des Jahres eine Einnahmenüberschussrechnung (EÜR). Außerdem musst du kein Pflichtmitglied in der Industrie- und Handelskammer (IHK) werden und du kannst dich – im Gegensatz zu Gewerbetreibenden – als Freiberufler mit Gleichgesinnten in einer Partnerschaftsgesellschaft zusammenschließen.

Wenn du dein Unternehmen als Freiberufler gründen möchtest, füllst du den steuerlichen Erfassungsbogen des Finanzamts aus. Das musst du ohnehin tun, egal, ob du als Freiberufler gründest oder mit einer anderen Rechtsform! Allerdings ist es das Einzige, was du als Freiberufler tun musst, um deine Gründung amtlich zu machen.

---

19 Vgl. https://www.gesetze-im-internet.de/estg/BJNR010050934.html#BJNR010050934BJNG001408140; besucht am 08.02.2024.

Nach der Abgabe dieses Formulars erhältst du eine gesonderte Steuernummer und deine Anmeldung ist damit abgeschlossen.

Mein Tipp: Fülle den Erfassungsbogen gemeinsam mit deinem Steuerberater aus (oder mit meiner/unserer Unterstützung im Rahmen des Gründercoachings), denn seit Anfang 2021 kann dieser Bogen nur noch digital über das ELSTER-Formular abgegeben werden, also das elektronische Portal der deutschen Steuerverwaltung. Außerdem kann die deutsche Amtssprache manchmal zu gefährlichen Irrtümern führen – da ist die Hilfe eines Experten oft Gold wert.

Als Freiberufler musst du deinen Gewinn (Gewinn = Einnahmen – Ausgaben) erst ab einer bestimmten Summe versteuern. Der jährliche Grundfreibetrag liegt mit Stand der Buchveröffentlichung (2024) bei 11.604 Euro – für gemeinsam veranlagte Paare bei 23.208 Euro.[20]

Wenngleich die Rechtsform des Freiberuflers viele Vorteile mit sich bringt, gibt es auch einige Nachteile: Als Freiberufler haftest du persönlich für geschäftliche Verbindlichkeiten, was bedeutet, dass dein persönliches Vermögen für geschäftliche Schulden aufkommen muss. In anderen Rechtsformen, wie der GmbH (Gesellschaft mit beschränkter Haftung) oder der AG (Aktiengesellschaft), ist die Haftung der Gesellschafter für das Gesellschaftsvermögen begrenzt.[21]

Ein weiterer Nachteil ist: Freiberufler haben nicht die gleichen strukturellen Vorteile wie Kapitalgesellschaften. Das kann es dir erschweren, Zugang zu bestimmten Förderprogrammen oder Finanzierungsmöglichkeiten zu erhalten. Außerdem ist es in anderen Rechtsformen oft einfacher, Mitarbeiter am Unternehmen zu beteiligen, beispielsweise durch die Ausgabe von Unternehmensanteilen. Als Freiberufler gestaltet sich dies in der Regel schwieriger.

Auch könnte es sich für dich als Freiberufler schwieriger gestalten, deine Geschäftstätigkeiten zu skalieren, insbesondere wenn dein

20 Vgl. https://www.finanztip.de/freibetraege-pauschbetraege/; besucht am 03.05.2024.

21 Vgl. https://www.fuer-gruender.de/wissen/existenzgruendung-planen/branchentipps/freiberufler/; besucht am 03.05.2024.

Unternehmen wächst. Das heißt, du als Freiberufler musst in der Regel selbst und persönlich die Dienstleistung erbringen. Wenn du zu viele Mitarbeiter beschäftigst, besteht die Gefahr, dass du zum Gewerbetreibenden wirst. Andere Rechtsformen ermöglichen eine flexiblere Anpassung an veränderte Geschäftsanforderungen.

Das Einfamilienhaus: Einzelunternehmen

Alle Unternehmer, deren Tätigkeit nicht unter die freien Berufe fallen, gelten als Einzelunternehmer und unterliegen somit der Gewerbesteuer. Somit wirst du automatisch Pflichtmitglied der *IHK* (wenn dein Gewinn zu Beginn noch gering ist, kannst du die Befreiung vom Mitgliedschaftsbeitrag beantragen).[22]

Die Anmeldung der Selbstständigkeit kannst du in vielen Städten elektronisch vornehmen. Auch wenn der persönliche Gang zum Gewerbeamt noch erforderlich sein sollte, benötigst du als Einzelunternehmer nur deinen Personalausweis und musst eine Gebühr für die Anmeldung entrichten, die von Bundesland zu Bundesland variiert (circa 20 bis 30 Euro).[23]

Prinzipiell gelten ähnliche Vor- und Nachteile wie für den Freiberufler. Darüber hinaus bist du gewerbesteuerpflichtig, doch als einziger Entscheidungsträger kannst du schnell auf Veränderungen reagieren und Entscheidungen treffen, ohne Rücksprache mit anderen halten zu müssen. Gleichzeitig kann dies aber auch zu einer Überlastung führen und es dir vielleicht schwerfallen, dich neben allen organisatorischen Verpflichtungen auf dein Kerngeschäft zu konzentrieren. Außerdem ist die Gewerbesteuerpflicht nicht unbedingt ein Nachteil, denn sie kann fast vollständig auf die Einkommensteuer

22 Hier ein Beispiel von der IHK Aachen: https://www.ihk.de/aachen/ueber-uns/rechtsgrundlagen/beitragsordnung-der-ihk-aachen-4941430; besucht am 30.04.2024.

23 Beispiel der Stadt Aachen (https://serviceportal.aachen.de/suche/-/vr-bis-detail/dienstleistung/3462/show; besucht am 30.04.2024).

angerechnet werden und führt deshalb nur bei sehr hohen Gewinnen überhaupt zu einer echten Belastung.[24]

Das Mehrfamilienhaus: GbR und OHG

Wenn du nicht allein, sondern mit einem oder mehreren Partnern gründest, handelt es sich rechtlich um eine Gesellschaft bürgerlichen Rechts (GbR) oder eine offene Handelsgesellschaft (OHG).[25] Bei der OHG ist eine Handelsregistereintragung notwendig und damit auch immer ein schriftlicher Gesellschaftsvertrag.

Obwohl es rein rechtlich bei der Gründung einer GbR nicht notwendig ist, empfehle ich jedoch dringend, auch in diesem Fall einen schriftlichen Gesellschaftsvertrag aufzusetzen, in dem unter anderem alle Rechte, Pflichten, die Organisationsstruktur und die Gewinnaufteilung der geschäftsführenden Gesellschafter geregelt wird. Denn selbst wenn du mit einem guten Freund oder deiner besten Freundin gründest, kann es sein, dass ihr euch im Laufe eures gemeinsamen Geschäftslebens mal verkracht oder auseinanderlebt. Dann seid ihr froh, wenn vorab alles geregelt wurde.

Handelt es sich bei deiner Gesellschaft um ein Handelsgewerbe, ist die OHG eine mögliche Rechtsform. Die notwendige Handelsregistereintragung erfolgt beim zuständigen Amtsgericht und du sowie deine Mitgesellschafter müssen dazu noch immer persönlich erscheinen und die Eintragung zum einen beantragen als auch notariell beurkunden lassen. GbR und OHG müssen in der Regel beim Gewerbeamt angemeldet werden, und auch bei der *IHK*, beim Finanzamt und, falls du Angestellte einplanst, auch in der Berufsgenossenschaft. Allerdings gibt es auch freiberufliche GbRs, die nicht beim Gewerbeamt angemeldet werden müssen.

Bei einer OHG haften alle Gesellschafter uneingeschränkt und persönlich für die Verbindlichkeiten der Gesellschaft. Auch bei einer

24 Vgl. https://www.gesetze-im-inter-net.de/estg/BJNR010050934.html#BJNR010050934BJNG001408140; besucht am 08.02.2024.

25 Vgl. https://www.ihk.de/hamburg/produktmarken/beratung-service/gruendung/recht-fuer-gruender/zweckmaessigste-rechtsform-1169698; besucht am 04.06.2024.

GbR haften die Gesellschafter uneingeschränkt und persönlich für alle Schulden der gesamten GbR. Vor 20 Jahren hat mir ein Steuerberater den Nachteil der GbR einmal folgendermaßen erklärt: »Beschließt einer der beiden Gesellschafter, das Konto leerzuräumen, davon einen Ferrari zu kaufen und zukünftig in Italien Zitronen zu pflücken, kannst du dagegen nichts tun.«

Die Wohnkomplexe: GmbH, KG und GmbH & Co. KG

Die **Gesellschaft mit beschränkter Haftung (GmbH)** ist in Deutschland die weitverbreitetste Rechtsform. Das liegt vor allem an der Haftungsbeschränkung, denn Gesellschafter haften lediglich mit dem Kapital der Gesellschaft und nicht mit ihrem Privatvermögen.

Interessanterweise kann eine GmbH sowohl von einer einzelnen Person als auch von mehreren Gesellschaftern gegründet werden, wobei natürliche oder juristische Personen, wie eingetragene Vereine oder Aktiengesellschaften, als Gesellschafter fungieren können. Die Gründung erfordert ein Mindeststammkapital von 25.000 Euro, wobei nur die Hälfte davon sofort eingezahlt werden muss. Die Geschäftsführer, die das Unternehmen nach außen vertreten, werden von den Gesellschaftern ernannt. Es gibt jedoch auch »Ein-Personen-GmbHs«, in denen der Geschäftsführer gleichzeitig als Alleingesellschafter und Gesellschafterversammlung agiert.[26]

Wenn du das entsprechende Startkapital mitbringst, als Unternehmer deine Haftung beschränken oder nicht aktiv mitarbeiten willst, empfiehlt sich die Gründung einer GmbH. In diesem Fall musst du dich ebenfalls zunächst beim Handelsregister eintragen lassen und einen Gesellschaftsvertrag aufsetzen. Dieser muss notariell beurkundet und dann dem Gewerbeamt vorgelegt werden.

---

26 Vgl. https://www.ihk.de/hamburg/produktmarken/beratung-service/gruendung/recht-fuer-gruender/zweckmaessigste-rechtsform-1169698; besucht am 04.06.2024.

Die **Kommanditgesellschaft (KG)** ist ebenfalls eine Personengesellschaft und besteht als Sonderform der OHG aus mindestens zwei Gesellschaftern. Allerdings ist die Haftungsstruktur anders angelegt als bei der OHG. Bei der KG haftet mindestens einer der Gesellschafter (der »Komplementär«) unbeschränkt mit seinem gesamten Vermögen, während die übrigen Gesellschafter (die »Kommanditisten«) lediglich bis zur Höhe der Kommanditeinlage haften. Sie sind daher nur an einem Teil des Verlusts beteiligt – aber eben auch nur an einem Teil des Gewinns.

Die **GmbH & Co. KG** funktioniert ähnlich wie die Kommanditgesellschaft. Allerdings ist hier eine GmbH der persönlich haftende Gesellschafter.[27]

Auch die letztgenannten Formen benötigen eine Eintragung ins Handelsregister und einen schriftlichen Gesellschaftsvertrag. Mit diesen Dokumenten gehst du dann wiederum zum Gewerbeamt.

Das Hochhaus: AG

Ich rate dir davon ab, direkt als Aktiengesellschaft zu gründen. Denn durch die hohen Gründungskosten (aktuell 50.000 Euro) und eine im Vergleich recht hohe Formenstrenge eignet sich die große Schwester der GmbH nicht für junge Unternehmen. Solltest du aber mit größeren Gründungsinvestitionen rechnen und bereits externe Kapitalgeber zur Hand haben, die nicht als »tätige Gesellschafter« auftreten wollen, könnte die AG dennoch die richtige Form für dich sein.

Zunächst erarbeitest du mit deinen Mitgründern eine Satzung, nach der du die Gesellschaft und deren Anteile festlegst. Außerdem werden darin der Name, die Rahmenbedingungen der AG sowie der Aufsichtsrat bestimmt. Ist diese Satzung notariell beglaubigt, muss die AG ins Handelsregister eingetragen werden.

Die Aufteilung der Leitung einer Aktiengesellschaft in die drei Instanzen Vorstand, Hauptversammlung und Aufsichtsrat bietet

27 Vgl. https://www.ihk.de/hamburg/produktmarken/beratung-service/gruendung/recht-fuer-gruender/zweckmaessigste-rechtsform-1169698; besucht am 04.06.2024.

einerseits den Vorteil klar definierter Zuständigkeiten, andererseits ist damit auch ein erheblicher organisatorischer Aufwand verbunden.[28]

So, jetzt hast du die wichtigsten deutschen Rechtsformen kennengelernt und hast vermutlich zumindest schon eine grobe Vorstellung, wie groß dein Unternehmensgebäude werden soll.

4.2.4 Das Interieur und die Mieter (das Produkt / die Dienstleistung und deine Zielgruppe)

In diesem Kapitel geht es nun darum, deinem Gebäude eine konkretere Form zu verpassen und dir mal anzuschauen, wer da überhaupt drin wohnen soll.

Wie soll dein Haus aussehen? Wie viele Zimmer soll es haben und wie sollen diese gestaltet werden? Wer soll später darin wohnen und wo findest du die perfekten Käufer für deine Wohnung oder dein Haus?

Wenn es tatsächlich um den Wohnungsbau geht, kann man diese Fragen konkret voneinander abgrenzen. Auch im Business-Plan wirst du das Angebot, den Markt und die Zielgruppe voneinander getrennt behandeln. Doch vor allem im Dienstleistungsbereich ist die Abgrenzung nicht immer leicht.

Die Themen greifen vielmehr ineinander und bedingen sich gegenseitig; denn für die Angebotserstellung musst du dich nicht nur mit dem auseinandersetzen, was du gerne anbieten möchtest, sondern auch an dem orientieren, was tatsächlich gebraucht wird. Es hilft nichts, perfekte Angebotspakete zu schnüren, wenn sie am Ende keiner will.

1. Das Produkt / die Dienstleistung: Was möchtest du anbieten?
Wie beim Entwerfen von Räumen und Wohnungen brauchst du auch für deine Dienstleistungen eine klare Vision. Das klingt einfach, ist es

28 Vgl. https://www.ihk.de/hamburg/produktmarken/beratung-service/gruendung/recht-fuer-gruender/zweckmaessigste-rechtsform-1169698; besucht am 04.06.2024.

aber nicht unbedingt. Produkt und Dienstleistungen sind ein Bereich, den viele Gründer vollkommen unterschätzen.

Ich habe bereits unzählige Gründer betreut, die sich zum Beispiel als Coach selbstständig machen wollen. Doch die meisten von ihnen wissen nicht, was sie konkret anbieten wollen. Fakt ist: Nur die wenigsten können zu Beginn des Gründercoachings bereits genau definieren, woraus ihre Dienstleistung besteht.

»Coaching natürlich«, höre ich dann oft, wenn ich sie danach frage – der Klassiker.

»Schon klar. Aber was für eine Art von Coaching? Life-Coaching, Karriere-Coaching, Business-Coaching, Führungskräfte-Coaching, Gesundheitscoaching, Paar-Coaching, Finanz-Coaching, Team-Coaching, Schreib-Coaching oder Kreativitätscoaching? Die Liste ist endlos!«

Häufig blicke ich dann in überforderte Gesichter. Natürlich gibt es auch Gründer, die sich bereits für eine konkrete Coaching-Richtung entschieden haben oder dafür ausgebildet wurden. Das ist der erste Schritt, denn »Coaching« allein bucht niemand!

Darüber hinaus solltest du dir Gedanken darüber machen, wie du deine Dienstleistung anbieten willst – also als stundenweises Coaching, in Form von Tagessätzen, in einem Kurs oder als Paket?

Bleiben wir beim Coaching-Beispiel: Maria möchte als Karriere-Coach gründen. Aber Karriere-Coaches gibt es wie Sandkörner auf dem Tennisplatz und darunter könnte alles Mögliche fallen: Das könnte ein Coach für Jobstarter sein, für Führungskräfte, für Menschen, die sich in einer beruflichen Veränderung befinden, für Akademiker oder Werksleute, für Berufsrückkehrer, für Senioren, die noch nicht in Rente möchten oder für Mütter nach der Elternzeit … welcher Zielgruppe hilft Maria also als Karriere-Coach?

Frage an dich:

- Worauf spezialisierst du dich mit deinem Angebot beziehungsweise deiner Dienstleistung?

Platz für deine Ideenpalette:

Sie entscheidet sich dafür, Müttern nach einer Elternzeit zu helfen, wieder in den Beruf einzusteigen. Aber welchen Müttern will sie helfen?

Müttern, die sich selbstständig machen wollen? Müttern, die den Beruf wechseln möchten? Müttern, die Unterstützung brauchen, um den Spagat zwischen Mutterrolle und beruflichen Wiedereinstieg gelassen zu meistern? Oder vielleicht Müttern, die nach der Elternzeit voll durchstarten und den nächsten Schritt auf der Karriereleiter rocken wollen?

Du merkst, das ist noch nicht eindeutig genug. Marias **Positionierung** – also ihre Platzierung am Markt – muss glasklar und zielgenau formuliert sein. Doch dafür muss sie erst mal wissen, wer ihre Kunden sind.

2. Die Zielgruppe: Wer soll dein Produkt / deine Dienstleistung kaufen?

Auch das schönste Haus bringt dir nichts, wenn keiner drin wohnen will! Deshalb orientiert sich eine Geschäftsidee mit Zukunft vor allem auch daran, was die Menschen da draußen wirklich brauchen – also, dass du die Marktbedürfnisse erkennst und verstehst. In diesem Kapitel fühle ich dir und deiner Gründungsidee deshalb noch ein bisschen genauer auf den Zahn – und du wirst deine potenziellen Kunden viel besser kennenlernen.

Es gibt immer wieder Gründer, die glauben, dass sie ihre Zielgruppe genau kennen – oder, dass sie so glasklar auf der Hand liegt, dass sie meinen, sich damit nicht beschäftigen zu müssen. Wie wichtig es ist, dass du dich in **jedem Fall** damit vertraut machst und wie die Themen *Positionierung*, *Marketing* und *Zielgruppe* miteinander verknüpft sind und sich sogar gegenseitig bedingen, zeige ich dir anhand eines fiktiven Beispiels.

Hebamme Alina möchte einen Geburtsvorbereitungskurs anbieten. Als ich sie frage: »Wer gehört zu deiner Zielgruppe?«, antwortet sie: »Das ist doch völlig klar: Schwangere, natürlich!«

Bitte beantworte für dich jetzt die Frage:

- Wer braucht das, was du anbieten möchtest?

Platz für deine Notizen:

___
___
___
___
___
___
___
___
___
___
___
___
___
___
___

Im Marketing nennt man das »Zielgruppe«. Denn erst, wenn du weißt, wer überhaupt einen Nutzen aus deinem Angebot zieht, kannst du auch deine Werbemaßnahmen in diese Richtung entwickeln. Wenn du nicht weißt, wer überhaupt Bedarf an deinem Angebot hat und du dich einfach an alle Menschen da draußen wendest, kannst du dir dein Marketing in die Haare schmieren.

Selbst Alina sollte sich nochmal genau anschauen, welche Schwangeren sie ansprechen will. Denn nicht alle Frauen, die ein Baby im Bauch tragen, brauchen einen Geburtsvorbereitungskurs – die Schwangere mit dem vierten Kind hat das in der Regel nicht mehr nötig.

Erst wenn du deine Zielgruppe genau kennst, kannst du deine Marketing-Ansprache daran anpassen. Bietest du Produkte für

Mütter an, dann hast du eine andere Kommunikation und Firmendarstellung als beispielsweise ein Werkzeugvertrieb. Deine sogenannte Positionierung wird dadurch zielgenauer. Bei der Hebamme liegt die Zielgruppe ziemlich klar auf der Hand. Beim Life-Coaching nicht unbedingt auf den ersten Blick. Lass dich deshalb nicht dazu verleiten, deine Zielgruppe nur im Vorübergehen festzulegen oder ihr keine Aufmerksamkeit zu schenken. Das wäre fatal!

3. Marktanalyse und Alleinstellungsmerkmal: Was macht dich einzigartig?

Gibt es dein Angebot oder etwas Ähnliches schon? Erwarten dich auf deinem Zielmarkt viele oder wenige Mitbewerber? Wie groß ist dein Marktsegment? Hast du eine Idee, die eine Nische bedient? All diese Fragen gilt es ebenfalls abzuklären. Du kannst solche Analysen in Auftrag geben oder sie auch selbst in kleinem Rahmen durchführen.

Sammle so viele Informationen rund um deine Geschäftsidee und deine Wettbewerber wie möglich. Schau dir genau an, wie und was deine Marktbegleiter so treiben, wie und wo sie Werbung machen und welche Zielgruppen sie wie ansprechen. Wenn du das herausgefunden hast, kannst du überlegen, was deinen Wettbewerbern fehlt. Was kannst du besser machen als andere? Vielleicht kannst du ein vorhandenes Produkt ergänzen oder eine Dienstleistung ausbauen und erweitern. Vielleicht entwickelst du sogar ein ganz neues Produkt oder entdeckst einen Bedarf an einer Dienstleistung, die es noch nicht gibt.

Was auch immer du tust: Im Geschäftsleben solltest du dich von anderen deutlich abheben. Das muss nicht immer eine neue Erfindung sein. Auch wenn dein Angebot bereits existiert, aber die hohe Nachfrage eine Zukunft für deine Geschäftsidee verspricht, auch dann solltest du ein Alleinstellungsmerkmal entwickeln.

Bei allen Solo-Selbstständigen ist die Persönlichkeit ausschlaggebend. Beliebigkeit ist hingegen ein Garant für Misserfolg. Schließlich willst du von deinen Kunden gesehen werden und nicht in der Masse der frischen Unternehmer untergehen. So kann eine Britta

Zimmermann, die Marketing für Solo-Selbstständige anbietet, einiges anders machen als Ute Schneider, die mit ähnlicher Positionierung gründet.

Extratipp: Wenn du denkst, dass es besser wäre, möglichst viele Kunden zu bedienen als eine Nische, dann muss ich dir widersprechen: Nischenprodukte sind sehr erfolgversprechend! Wenn du eine Nische bedienst, ist der Wettbewerb kleiner und du hast weniger Preisdruck. Überlege, was dein Unternehmen einzigartig macht – also welches Alleinstellungsmerkmal du bedienst.

Bitte beantworte für dich jetzt die Frage:

- Was macht dich einzigartig? Was ist dein Alleinstellungsmerkmal?

Platz für deine Notizen:

4. Das Bedürfnis: Was hält deine Zielgruppe nachts wach?

Von Alina möchte ich in der Zwischenzeit wissen, welche Herausforderungen ihre Kundinnen haben.

»Na, ist doch klar«, antwortet sie, »die stehen in den meisten Fällen vor ihrer ersten Geburt und wissen nicht, was da passieren wird. Viele sind verunsichert, haben Angst oder machen sich Sorgen.« Hier hat sie bereits den richtigen Nerv getroffen, denn es geht auch in diesem Fall nicht darum, dass die Schwangeren einfach nur wissen wollen, wie so eine Geburt abläuft. Das können sie googeln und irgendwo nachlesen – und haben das vermutlich längst getan. Stattdessen stehen **emotionale Faktoren** im Zentrum. Wenn wir nach Lösungen suchen, geht es nie nur um eine sachliche Herausforderung, sondern vielmehr um ein emotionales Bedürfnis, das erfüllt oder gelöst werden will.

Egal, ob du Ernährungsberatung oder Life-Coaching anbietest, es steckt immer eine Emotion dahinter. Wenn ich mir eine Jeans kaufen will, gehe ich in den seltensten Fällen deshalb shoppen, weil ich etwas Warmes an den Beinen brauche, sondern aus anderen Gründen. Vielleicht brauche ich die passende Hose zu einem Paar Schuhe, vielleicht möchte ich aber auch einen gewissen Status oder diese spezielle Mode verkörpern. Immer geht es um mehr als nur um das vorrangige Bedürfnis. Alle Menschen haben Bedürfnisse und wollen sie befriedigt wissen. Ein einsamer Mensch sucht nach Kontakten. Ein Mensch, der Hunger hat, möchte etwas essen. Worüber denken diese Menschen wohl nach, wenn sie an einer roten Ampel warten? Welche Gedanken schwirren ihnen im Kopf herum, sodass sie sich die Laufschuhe anziehen und losrennen, um wieder klar denken zu können?

Wenn du diese Gedanken kennst, dann kannst du dein Angebot und deine Kundenansprache so gestalten, dass diese Menschen bei dir buchen.

Und jetzt bist du gefragt:

- Welche Herausforderung haben deine Kunden? Schau genau hin und entdecke die Emotion hinter dem oberflächlichen Bedürfnis.

Platz für deine Gedankenjuwelen:

____
____
____
____
____
____
____
____
____
____
____
____
____
____
____

Fühle dich in deine Zielgruppe ein! Wenn du sie noch nicht gut genug kennst, wird es jetzt Zeit, dir Informationen dazu einzuholen. Frag Menschen, die du als deine Zielgruppe betrachtest und sprich mit ihnen. Was sind ihre Bedürfnisse?

Gehe über die offensichtlichen Bedürfnisse hinaus und versuche, die tieferen Emotionen zu identifizieren, die mit den jeweiligen Herausforderungen verbunden sind. So etwa könnten Mütter, die nach effektiven Zeitmanagement-Tools suchen, tatsächlich den Wunsch verspüren, gelassener mit ihrem Alltagsstress umzugehen.

Welche Lösung bietet also Hebamme Alina an? Klar, einen Geburtsvorbereitungskurs, in dem die genannten emotionalen Herausforderungen angesprochen und gelöst werden. Ihr Kurs enthält

Antworten auf Fragen rund um die Geburt: Was passiert da eigentlich und wie kann ich mich körperlich und seelisch darauf vorbereiten?

5. Definition von Zielgruppe und Bedürfnissen: Erstellung eines Avatars

Wenn du deine Zielgruppe identifiziert hast, dann kannst du dir noch ein bisschen mehr Gedanken über sie machen:

- Wie sieht der perfekte Kunde für dich aus?
- Wie wäre die Person, wenn du sie dir »backen« könntest?
- Welches Geschlecht und Alter hätte diese Person?
- In welcher Lebenssituation befindet sie sich?
- Wie und wo wohnt die Person? Hat die Person Kinder?
- Was ist das Bildungsniveau dieser Person?
- Welche Medien nutzt diese Person?
- Wo und wie macht die Person Urlaub?
- Was ist ihr wichtig und welche Werte lebt sie?

Eine Frau, die im Bioladen einkauft, gerade mit dem Studium fertig ist und die Natur liebt, sucht beispielsweise nach anderen Lösungen als ein Familienvater, der in einer Karriere-Sackgasse steckt und Druck durch familiäre Verpflichtungen verspürt.

Auch für das spätere Marketing ist die Identifizierung deiner Zielgruppe wichtig, denn wenn du beispielsweise mit Frauen arbeiten willst, wirst du deine Website vermutlich anders gestalten, als wenn du den Familienvater ansprechen willst. Mit einem Avatar kannst du deine Angebote und dein Marketing so ausrichten, dass es zur Zielgruppe und zu ihren Bedürfnissen passt. Du wirst als ihr Problemlöser erkannt!

6. Dein Angebot: Wie stillst du das Bedürfnis deiner Zielgruppe?

Als Nächstes schaut sich Alina also an, in welcher Form sie diesen Kurs anbieten möchte. Was brauchen ihre Kundinnen, welche Art des Kurses wünschen sie sich? Soll sie den Kurs in Präsenz abhalten oder remote über Videos oder Videokonferenzen? Will Alina Einzelpersonen betreuen (1:1) oder Gruppenkurse anbieten? Will sie einen betreuten oder Selbstlern-Online-Kurs aufbauen? Wie soll die Zusatzbetreuung aussehen: Soll es eine *Facebook*- oder *WhatsApp*-Gruppe geben oder Einzelbetreuung? Soll der Kontakt via E-Mail, Telefonsprechstunde oder Sprachnachricht erfolgen? Soll der Kurs mit oder ohne Arbeitsbuch angeboten werden? Mit zusätzlichem *WhatsApp*-Support, oder nicht? Packt sie vielleicht sogar ein Kuscheltier mit dazu oder getrocknete Himbeerblätter – oder was auch immer?

Alina entscheidet sich dafür, den Online-Kurs *Hallo Baby! Dein Kurs für eine sanfte Geburtsvorbereitung für Schwangere* anzubieten, die nicht die Möglichkeit haben, ständig irgendwo hinzufahren.

Nun bist du dran: Konkretisiere dein Angebot.

- Was genau möchtest du anbieten?

Erstelle eine genaue Liste mit all dem, was du anbieten willst. Berücksichtige dabei die Bedürfnisse deiner Kunden.

Platz für deine Ideenpalette:

Praxistipp: Pakete versus Stundenlohn
Ich stelle regelmäßig fest, dass viele Menschen, die im dienstleistenden Bereich gründen möchten, von vorneherein einen festen Stundenlohn abrechnen wollen.

Doch nehmen wir an, ein Life-Coach bietet sein Einzelcoaching für 145 Euro pro Stunde an. Dann aber passiert Folgendes: Ein potenzieller Kunde schaut sich die Preise und das Angebot des Life-Coachs auf der Website an, ist aber noch nicht so richtig überzeugt. Also schaut er sich weitere Websites mit ähnlichen Angeboten an. Oha: darunter ist ein Life-Coach, der nur 125 Euro pro Stunde nimmt! Der wirkt zwar inhaltlich nicht kompetenter oder sympathischer, aber er ist billiger. Was wird der Interessent also tun? Entweder sucht er sich jemanden, der ihn noch mehr überzeugt, oder er nimmt den günstigeren Coach.

Aus diesem Grund empfehle ich dir, den Gedanken des Stundenlohns direkt aus deinem Kopf zu streichen. Denn damit machst du dich vergleichbar und du willst sicherlich nicht, dass der potenzielle Kunde erst mal losgeht und dich mit anderen Anbietern vergleicht, sondern dass er so von deinem Angebot überzeugt ist, dass er gar nicht weiter sucht.

Das Problem ist, dass wir einfach zu sehr daran gewöhnt sind, Zeit gegen Geld zu tauschen. Auf den ersten Blick erscheint das plausibel, transparent und gut kalkulierbar. Letzten Endes ist das aber ein Trugschluss, denn dein potenzieller Kunde kann schwer einschätzen, was du innerhalb einer Stunde leisten kannst. Vielleicht bringst du den Kunden schon in einer Stunde zum erwünschten Ergebnis und rechnest dafür entsprechend 145 Euro ab. Ein anderer Coach benötigt vielleicht zwei Sitzungen mehr, aber dem Kunden ist das vorher gar nicht klar. Doch da der andere Coach nur 125 Euro pro Stunde ansetzt, wählt der Kunde dennoch ihn.

Im Nachhinein ist er damit viel schlechter bedient, er wird es aber vermutlich nie erfahren – und letztlich zählt für den Kunden nicht allein der Preis, sondern das Ergebnis. **Du erinnerst dich: Er möchte, dass du ein Bedürfnis stillst**.

Bitte vergiss das nie – auch im Laufe der Gründung. Es ist eine der wichtigsten Botschaften, die ich dir auf dem Weg in dein eigenes Business mitgeben möchte. Der Kunde, der zu dir kommt, möchte nachts wieder ruhig schlafen können. Wenn du das schaffst, dann ist der Preis auf einmal gar nicht mehr so relevant. Ein weiteres Argument gegen die Strategie des Stundenlohns ist, dass sie sich spätestens dann rächt, wenn du mal krank bist oder in den Urlaub fährst. Ich arbeite deshalb viel lieber mit dem Konzept der **Angebotspakete**.

7. Deine Pakete: Wie bündelst du deine Angebote so, dass deine Kunden mehr wollen?

Es ist essenziell, dass du dir rechtzeitig Gedanken machst, aus welchen Dienstleistungen und Produkten du Angebotspakete schnüren könntest. Nicht nur für deinen Business-Plan, sondern auch, damit du gerüstet bist, wenn du mit potenziellen Kunden in Kontakt kommst und um deine Angebote bewerben zu können. Aber vor allem deshalb, damit deine Gründung tragfähig ist.

Wie das geht? Stell dir vor, du stellst verschiedene Leistungen als Paket zusammen und versiehst diese mit einem Gesamtpreis. Dadurch gibst du dem Kunden eine gewisse Sicherheit und ein planbares Ergebnis. Erfahrungsgemäß wird der Kunde nach dem ersten Paket weitere bei dir kaufen. Deshalb empfehle ich dir, nicht nur ein Paket anzubieten, sondern ein **kleines** (Einstiegs- oder Kennenlernprodukt), ein **mittleres** (mittleres Preissegment) und ein **großes** Paket (Premiumangebot) zu schnüren. Natürlich mit realistischer Preisabstufung.

Zusätzlich zu den drei Paketpreisen bietet sich ein günstiges Einstiegsprodukt an. So ist für neue Kunden die Hürde nicht so hoch, etwas zu kaufen und erst einmal zu schauen, ob sie dir auch längerfristig, beziehungsweise bei einem hochpreisigen Produkt, vertrauen können. Kunden, die einmal etwas gekauft haben und zufrieden sind, kaufen mit höherer Wahrscheinlichkeit ein weiteres Produkt bei dir – deshalb solltest du bereits das Einstiegsangebot gut und strategisch erarbeiten.

Selbst aus einem **Geburtsvorbereitungskurs** kannst du großartige Angebotspäckchen schnüren. Hier ein Vorschlag:

- **Paket 1** heißt dann: *Vorfreude-Basics* und enthält den Online-Kurs *Hallo Baby! Dein Kurs für eine sanfte Geburtsvorbereitung.*
- **Paket 2** könnte beispielsweise lauten: *Geburtszauber-Upgrade* und enthält den Kurs, dazu ein Arbeitsbuch und eine Packung getrockneter Himbeerblätter.
- **Paket 3** ist die Premium-Begleitung und könnte *Babyglück-Exklusiv* heißen. Es enthält vielleicht zusätzlich *WhatsApp*-Support, eine schicke Yogamatte und die Aufzeichnung des Kurses sowie einen 1:1-Termin für individuelle Fragen.

Lass uns das Ganze auch anhand des Beispiels einer **Virtuellen Assistenz (VA)** betrachten:

- Eine Gründerin in diesem Bereich könnte beispielsweise ein *Content-Starter-Paket* für 197 Euro anbieten, mit dem sie für den Kunden einen individuellen Redaktionsplan erarbeitet und entsprechend die Beiträge vorplant und terminiert. So kann sich der Kunde von ihrer Expertise überzeugen und will danach vermutlich auch die Content-Erstellung an die VA auslagern. Die bekommt er dann mit dem mittleren oder dem Premium-Angebot, die beide nicht nur deutlich mehr Leistung enthalten, sondern entsprechend teurer sind.
- Das *Content-Creator-Paket* könnte etwa 497 Euro kosten und zusätzlich zu den Inhalten des Basis-Pakets Content-Erstellung (Text- und Bildmaterial) für die geplanten Beiträge für einen gewissen Zeitraum beinhalten. Das heißt, der Kunde muss auch das nicht selbst machen, sondern die VA kümmert sich um Content und postet das dann auch im Namen des Auftraggebers. Es geht also um eine Strategie.
- Im *Premium-Service-Paket* ist dann für 997 Euro beispielsweise noch das Community-Management enthalten. Das heißt, dass sich die VA neben Redaktionsplan und Content auch darum kümmert, mit der Community zu kommunizieren und Anfragen oder Kommentare zu beantworten.

Na, fängt es in deinem Kopf schon an zu sprudeln? Dann los – jetzt bist du an der Reihe:

Starte mit deinem BASIC-Paket:

- Welche Inhalte beziehungsweise Dienstleistungen beinhaltet dein BASIC-Paket?
- Für welchen Preis bietest du dein BASIC-Paket an?
- Welchen Namen trägt dein BASIC-Paket?

Platz für deine Kreativschnipsel:

Jetzt geht es mit deinem mittelgroßen Paket weiter – nennen wir es einfach mal ADVANCED:

- Welche Inhalte beziehungsweise Dienstleistungen beinhaltet dein ADVANCED-Paket?
- Für welchen Preis bietest du dein ADVANCED-Paket an?
- Welchen Namen trägt dein ADVANCED-Paket?

Platz für deine Notizen:

Und zuletzt dein PREMIUM-Paket:

- Welche Inhalte beziehungsweise Dienstleistungen beinhaltet dein PREMIUM-Paket?
- Für welchen Preis bietest du dein PREMIUM-Paket an?
- Welchen Namen trägt dein PREMIUM-Paket?

Platz für deine Notizen:

Hast du deine Pakete gepackt? Dann herzlichen Glückwunsch! Du bist schon einen großen Schritt weiter.

Falls du dir noch unsicher bist, mach dir bitte keinen Kopf. Im Gegenteil: Ein solches Angebot – oder gar die Pakete – entstehen nicht in einer halben Stunde. Das ist ein Prozess, und das darf auch so sein. Mach dir in den nächsten Tagen und Wochen einfach immer wieder Notizen dazu und nimm die Fragen mit in deinen Alltag. Das darf und wird sich entwickeln.

Es ist allerdings von Vorteil, wenn die Angebote zu Beginn der Gründung bereits ausgefeilt werden und fertig stehen. Dafür ist es wichtig, dass du die Herausforderungen der Zielgruppe erfasst und am Anfang deine Positionierung klar erarbeitet hast. Je genauer du hier arbeitest, desto weniger musst du dein Angebot später nachjustieren.

Nachdem du dann deine ersten Kunden bedient hast, wirst du vermutlich feststellen, dass sich dennoch vereinzelt noch Kleinigkeiten ändern werden. All deine Erfahrungen fließen in deine Angebote und hieraus entwickelt sich dann Stück für Stück eine ausgereifte Angebotspalette. Produkte und Angebote werden im Laufe der Zeit immer wieder angepasst, denn Unternehmertum ist an allen Ecken und Enden der Beginn eines wunderbaren Entwicklungsprozesses. Wenn du jetzt gerade in der Gründung steckst, ist es der Beginn einer wundervollen Reise.

Hier ein paar Profitipps für deine Paketerstellung:

1. **In jedem Bereich sind Pakete möglich!** »In meinem Bereich / für meine Dienstleistung kann man keine Pakete schnüren.« Du glaubst nicht, wie oft ich den Satz zu hören bekomme. Das stimmt nicht – du brauchst nur ein bisschen Kreativität, dann wirst du Ideen für Pakete entwickeln. Und falls dir tatsächlich nichts einfällt, dann komm in meinen Kurs – ich garantiere dir: Wir finden da etwas! Vielleicht hilft dir bereits folgender Tipp.
2. **Mindmapping und Brainstorming:** Schnapp dir am besten ein paar bunte Papierkarten und schreib auf jede Karte eine der Dienstleistungen, die du anbieten könntest. Also zum Beispiel: *Texterstellung*, *Bilderstellung*, *Redaktionsplan* und *Statistische Auswertung*

und so weiter. Wenn du alles auf je eine Karte notiert hast, kannst du sie vor dir auf dem Tisch hin und her schieben und zueinander legen. Alternativ kannst du sie auch an eine Pinnwand heften. Doch egal, wie: Auf diese Weise kannst du spielerisch in den Prozess der Paketerstellung einsteigen und mal schauen, was du deinen Kunden alles anbieten könntest.

3. **Finde gute Namen für deine Pakete:** Du kannst die Pakete beispielsweise auch *Gold*, *Platin* und *Diamant* nennen oder *Bronze*, *Silber* und *Gold* – das würde gut passen, wenn du in irgendeiner Weise mit Finanzen zu tun hast, zum Beispiel als Money-Mindset-Coach.
4. **Der Paketname sollte idealerweise mit deiner Marke harmonieren** und Rückschlüsse auf den Inhalt und den Kundennutzen bieten. Du darfst deiner Kreativität also freien Lauf lassen. Meine Selbstzahler-Pakete heißen aktuell *Einfach gründen – Startup Package* und *Einfach gründen – Power Package*. *Power Package* auch deshalb, weil ich darin vor allem die Energie und Power für die Gründung mitgebe. Wie könnten die Pakete in deinem Fall heißen? Aber Achtung: Bitte übertreib es nicht mit der Kreativität; manche Gründer überlegen sich ausgefallene Namen, die aber gar nichts mehr mit dem Thema zu tun haben und die Kunden mehr verwirren, als anziehen. Das willst du natürlich auch nicht. Am besten holst du dir Feedback von einem Gründercoach oder von Menschen aus deiner Zielgruppe (zu diesem Thema kommen wir im nächsten Kapitel).
5. **Mach deinen Favoriten zum Bestseller:** Du hast Namen und Inhalte des Pakets entworfen? Perfekt! Dann kannst du dir mal überlegen, welches Paket du am liebsten verkaufen willst. Wenn du das weißt, dann packst du einen schönen Stempel mit dem Wort *Bestseller* drauf. Meistens ist es so, dass das mittelgroße Paket am häufigsten gekauft wird.
6. **Modularer Aufbau:** In einem späteren Schritt – wenn du ein bisschen Erfahrung mit deinen Paketen gesammelt hast – könntest du deine Pakete modular aufeinander aufbauen. Das heißt: Der Kunde beginnt mit Paket 1 und bekommt den nächsten Schritt in Paket 2, dessen Inhalt auf dem ersten Paket aufbaut. Das steigert

nicht nur deinen Umsatz, sondern deine Kunden werden zu Fans, die längerfristig mit dir zusammenarbeiten wollen. Hier kannst du deine Pakete in eine strategisch aufeinander aufbauende Reihenfolge bringen und aufeinander abstimmen.

Paket START:

- Welche Inhalte oder Dienstleistungen beinhaltet dein START-Paket?
- Für welchen Preis bietest du dein START-Paket an?
- Welchen Namen trägt dein START-Paket?

Platz für deine geistigen Ergüsse:

Paket CONTINUE:

- Welche Inhalte oder Dienstleistungen beinhaltet dein CONTINUE-Paket?
- Für welchen Preis bietest du dein CONTINUE-Paket an?
- Welchen Namen trägt dein CONTINUE-Paket?

Platz für deinen Ideenparkplatz:

Paket POWER:

- Welche Inhalte oder Dienstleistungen beinhaltet dein POWER-Paket?
- Für welchen Preis bietest du dein POWER-Paket an?
- Welchen Namen trägt dein POWER-Paket?

Platz für deine geistigen Ergüsse:

»Sichtbarkeit und Reichweite sind der Anfang des Erfolgs!«

4.2.5 Werbung und Verkauf des Hauses (Marketing und Vertrieb)

Wenn ein Immobilienunternehmen den Bau eines Hauses in Auftrag gibt, hat es bereits etliche Bedarfsanalysen hinter sich gebracht. Neben Risikoanalysen, baurechtlichen Prüfungen und einer umfassenden Kosten-Nutzen-Analyse prüft ein Immobilienunternehmen auch den lokalen Markt – also ob die Menschen, die dort leben, überhaupt an neuem Wohnraum und an der geplanten Art des Hauses interessiert sind und ob sie sich dieses werden leisten können.

Eine gute Marketingstrategie ist das A und O deiner Gründung! *Marketing* bedeutet, dass du dein Business an die Bedürfnisse des Marktes anpasst beziehungsweise daraufhin ausrichtest. Um das zu erreichen, wird eine Marketingstrategie erarbeitet, die mithilfe von Marketinginstrumenten (Produkt-/Dienstleistungspolitik, Preispolitik, Kommunikationspolitik und Vertriebspolitik) umgesetzt wird.[29]

Dein *Produkt* (oder Angebot) hast du bereits erarbeitet und wahrscheinlich auch Pakete mit ansprechenden Namen geschnürt. Um deine *Preise* hast du dir sicher ebenfalls bereits Gedanken gemacht, doch wenn du deine Angebote bewirbst, solltest du dir regelmäßig Gedanken über Rabatte, Early-Bird-Preise und Boni machen.

Die Vertriebspolitik spielt im Dienstleistungsbereich eine eher untergeordnete Rolle beziehungsweise wird meist erst dann ein Thema, wenn dein Unternehmen wächst. Denn am Anfang wirst du vermutlich nichts produzieren und brauchst dir deshalb keine Gedanken um Zwischenhändler und Logistik zu machen. Deine Leistung bietest du vermutlich erst mal direkt über *Zoom* oder an einem Präsenzort an. Die einzige Frage, die dich in der ersten Zeit beschäftigen könnte, ist ein geeignetes Shopsystem oder ein Ticketprovider, mit dem du kleinere Produkte, wie eigene Bücher, Veranstaltungen oder Coachingpakete, abrechnen kannst. Am Anfang reicht es aber, eine Rechnung zu stellen und dem Kunden direkt zuzuschicken (oder ab 2025 vielmehr eine elektronische Rechnung).

---

29 Vgl. https://wirtschaftslexikon.gabler.de/definition/marketing-39435/version-262843; besucht am 01.02.2024.

In diesem Kapitel soll es daher überwiegend um deine *Kommunikationspolitik* gehen – also um den Teil des Marketings, der darauf abzielt, Kunden zu finden und zu gewinnen. Dennoch muss der *Vertrieb* dabei stets mitgedacht werden.

Mein Business läuft, seitdem ich Marketing verstanden habe: Es ist jetzt etwa zehn Jahre her, seitdem ich mein heutiges Business gegründet habe. Damals bin ich kurz vor der offiziellen Gründung zu einer Werbeagentur marschiert und habe mir mein Logo erstellen lassen.

Ich nenne es scherzhaft »Bömmelchen«, denn es ist eine Kombination meiner Lieblingsfarbe und meiner Initialen, und es verbindet Herzlichkeit mit Power.

Ich war jedenfalls unglaublich stolz – und weil es eine wunderbare Zusammenarbeit war, habe ich mir zusätzlich dort meine ersten Visitenkarten und meine Website erstellen lassen.

An dem Tag, als die Seite online ging, spürte ich ein richtiges Kribbeln im Bauch. »Jetzt geht es los!«, dachte ich.

Und was ist dann passiert?

Nichts! Niente. Ich wartete und wartete – nichts passierte. Ich bin ein bisschen wie ein Rennpferd: Bei mir gibt es nur einen Weg und der ist vorwärts! Geduldig sein ist deshalb nicht meine Stärke – das fühlt sich bei mir dann so an wie bei einem Rennpferd, das fürs Galopprennen heiß gemacht wurde und dann nicht losgaloppieren darf.

Also rief ich nach kurzer Zeit die großartige Grafikdesignerin aus der Werbeagentur an: »Frau X, was ist da los? Jetzt habe ich diese schicke neue Website und ein tolles Logo und trotzdem kauft keiner bei mir!«

Weißt du, was mir diese erfahrene Frau geantwortet hat?

»Frau Wiezoreck, ich kann Sie verstehen. Aber fürs Geldverdienen sind wir nicht zuständig. Wenn Sie wissen wollen, wie Sie mit dem, was ich Ihnen designed habe, Umsatz machen, sind Sie bei mir an der falschen Adresse.«

Heute erscheint es mir absurd, dass ich dachte, es reicht, einfach nur eine schicke Website und ein Logo zu erstellen und schon kommen die Kunden von allein. Doch damals stand ich da und fühlte mich, als hätte mir jemand mit dem Hammer auf den Kopf gehauen.

Was habe ich dann gemacht? Ich bin aufgestanden, habe mein Krönchen gerichtet und mich auf die Suche nach einer Marketing-Beraterin gemacht, die mir beigebracht hat, wie ich meine Website strategisch in die Marketingstrategie einbaue. Mithilfe einer großartigen Expertin habe ich mein Marketing dann Stück für Stück in Angriff genommen und dann hat es funktioniert – mein Bömmelchen habe ich natürlich behalten.

Rückblickend waren drei Schlüsselfaktoren besonders wichtig für mich:

1. Mut,
2. In das Marketing zu investieren und
3. Marketingausgaben dem Cashflow zu entnehmen.

Also nicht gleich in die Hose machen, sondern auch mal ein paar Tausend Euro für das Marketing in die Hand nehmen – natürlich wohlüberlegt und immer mit professioneller Unterstützung an der Seite.

Bei allen Marketingmaßnahmen solltest du deine Ressourcen also stets im Blick behalten und dir auch ehrlich eingestehen, wobei du Hilfe nötig hast. Stelle dir bitte regelmäßig die Fragen: »Lohnt sich diese oder jene Maßnahme oder lohnt sie sich nicht? Ist mein Geld hier gut investiert oder nicht?« Es muss alles in Balance bleiben. Marketinginvestitionen habe ich beispielsweise immer aus dem Umsatzüberschuss bedient und dafür nie ein Darlehen aufgenommen.

Ich habe sukzessive und nur nach meinen jeweiligen finanziellen Möglichkeiten in mein Marketing investiert und bin drangeblieben. Wie wurde es mir einmal erklärt? »Marketing ist wie Samenkörner in die Erde streuen. Dann brauchen sie Wasser, Sonne und vor allem Zeit.« Letzteres war meine absolute Geduldsprobe …

Was ich im letzten Jahrzehnt mitgenommen habe, möchte ich dir auf den nächsten Seiten weitergeben und dich dabei durch ein paar essenzielle Übungen führen, die dich auf dem Weg zu deiner Kommunikationsstrategie stets begleiten werden:

1. Der Kundennutzen: Was haben deine Kunden von deinem Angebot?
Auf den ersten Blick scheint diese Frage eng mit den Fragen rund um dein Angebot verknüpft zu sein. In gewisser Weise sind sie das auch. Doch während sich im vorigen Kapitel alles um interne Überlegungen gedreht hat, geht es jetzt darum, nach außen zu kommunizieren, was du anbietest beziehungsweise was deine Kunden von deiner Dienstleistung / deinem Produkt haben.

Potenzielle Kunden müssen erkennen, dass du ein Angebot hast, das ihre Bedürfnisse befriedigt. Du kennst das sicher: Wenn du etwas kaufen möchtest, aber noch nicht das richtige gefunden hast, siehst du plötzlich überall Angebote und Personen, die das haben, was du gerne hättest. Wenn du dir also beispielsweise ein rotes Auto kaufen willst, siehst du beim Spazierengehen überall nur noch rote Autos auf der Straße. Wenn du eine Kita für dein Kind suchst, entdeckst du überall nur noch Kindertagesstätten, die dir bisher nie aufgefallen sind. Dieses Phänomen ist auch für dich wichtig. Denn Menschen richten ihren Fokus nach dem aus, was sie suchen.

Damit du mit deinem Angebot gefunden wirst, muss deine sogenannte Positionierung am Markt so ausgerichtet sein, dass du in den Fokus der Personen gelangst, die nach dem suchen, was du anbietest.

Im Fall von Hebamme Alina könnte der Kundennutzen zum Beispiel lauten: »Ich helfe dir dabei, alle Fragen zu klären und deine Ängste loszulassen, damit du dich entspannt und gelassen auf das schönste Ereignis deines Lebens vorbereiten und freuen kannst.« Auch hier geht es wieder um die Emotion.

Jetzt bist du dran:

- Bitte formuliere deinen Kundennutzen.

Platz für deine Notizen:

Extratipp: Verfasse starke Inhalte und vermeide platte, inhaltslose Floskeln. Mit Sätzen wie »Ich gehe für Sie die Extrameile« oder »Bei mir wird Qualität großgeschrieben« lockst du keine Kunden hinter dem Ofen vor. Mache deutlich, was die Extrameile in deinem Fall bedeutet: Eine Betreuung rund um die Uhr? Kostenlose Zusatzstunden im Coaching?[30] Und was genau meinst du mit *Qualität*? Schnelle und fehlerfreie Lieferung? Tiefe Erkenntnisse? Umfangreiche 1:1-Betreuung?

30 Ich hoffe, dir ist klar, dass ich keine dieser Dinge anbieten würde. Ich würde allerdings auch nie von der »Extrameile« sprechen …

Du merkst hoffentlich: Diese Floskeln können alles und deshalb leider nichts bedeuten.

2. Online oder Offline-Marketing: Welche Kanäle und Möglichkeiten willst du nutzen?
Alina möchte ihre Geburtsvorbereitung online anbieten. Deshalb ist es vermutlich sinnvoll, auch das Marketing online auszurichten und herauszufinden, wo sich die meisten Frauen ihrer Zielgruppe »aufhalten«. Vielleicht bietet sie zusätzlich Präsenz-Kurse im Aachener Marienhospital an, oder sie könnte Flyer in gynäkologischen Praxen in der Stadt Aachen verteilen sowie in Kleidergeschäften, die Umstands- und Säuglingsmode anbieten?

Hier ein paar Tipps zur Offline-Werbung:
Es gibt unendlich viele Möglichkeiten, deine Angebote beziehungsweise Dienstleistungen offline zu bewerben. Angefangen von klassischer Pressearbeit über Plakate und Flyer bis hin zu Netzwerkveranstaltungen, Messen, Konferenzen, Vorträgen und Kooperationen. Der Kreativität sind hier wieder einmal keine Grenzen gesetzt. Doch ich kann es nicht oft genug betonen: Es muss alles zueinander passen – wie Puzzleteile, die ineinandergreifen.

Hebamme Alina wird ihren Geburtsvorbereitungskurs beispielsweise nicht in Kitas bewerben, denn sie hat sich ihre Zielgruppe ja genau angeschaut und weiß, dass es eher nicht um Frauen geht, die ein zweites oder drittes Kind bekommen, sondern um diejenigen, für die eine Geburt etwas ganz Neues ist. Würde sie hingegen Yoga für Schwangere anbieten, könnten Kindertagesstätten und Kindergärten eine gute Werbeplattform sein, denn da geht vielleicht auch die Frau hin, die zuvor bereits ein oder mehrere Kinder zur Welt gebracht hat.

Überlege jetzt also bitte:

- Willst du Offline- oder Online-Marketing betreiben – oder vielleicht eine Kombination aus beidem?

Platz für deinen Ideenparkplatz:

____

____

____

____

____

____

____

____

____

____

____

____

____

____

____

____

____

Sobald du diese Frage für dich beantwortet hast, ergeben sich daraus neue Fragen.

Hier ein paar Tipps für das Online-Marketing:

- **Willst du organisch Reichweite erzielen oder dafür bezahlen?** Organische Reichweite erzielst du, indem du zum Beispiel Beiträge in den sozialen Medien veröffentlichst (postest), Menschen darauf reagieren und kommentieren – und das alles, ohne dass du einen Cent dafür ausgibst. Bezahlte Reichweite erzielst du, indem du Anzeigen schaltest und so Geld dafür zahlst, dass mehr

Menschen deine Beiträge sehen. Organische Reichweite ist kostenlos, aber hängt von deinem Content ab. Bezahlte Reichweite kostet, bringt aber sofort mehr Sichtbarkeit.

- Überlege dir von Anfang an gut, welche **Social-Media-Kanäle du bedienen willst:** Wo befindet sich deine Zielgruppe? Wo fühlst du dich wohl? Wenn du in den sozialen Netzwerken Kunden erreichen willst, musst du dir überlegen, wo du deine Zielgruppe findest und welcher Kanal wiederum zu deinem Business und zu dir passt: Ist dein Business stark visuell ausgerichtet (viele Fotos), weil du beispielsweise Farb- und Stilberatung anbietest, dann könnten *Pinterest* und *Instagram* für dich geeignet sein. Richtest du dich mit deinem Business eher an Führungskräfte, bist du auf der Business-Plattform *LinkedIn* wahrscheinlich besser aufgehoben. Wendest du dich eher an jüngere Zielgruppen, wirst du vermutlich eher auf *YouTube* oder *TikTok* fündig.
- **Erfolg über Nacht …** ist und bleibt ein Traum. Selbst wenn du Werbeanzeigen auf *Instagram*, *LinkedIn* oder *Facebook* schaltest, wirst du höchstwahrscheinlich nicht sofort Kunden auf der Matte stehen haben. Denn das eine bedingt das andere: Erst wenn du eine gewisse Präsenz und Reichweite erreicht hast, also entweder bereits viele Beiträge mit Interaktion veröffentlicht oder dir eine gewisse Reputation aufgebaut hast und sich das im Algorithmus oder in Bewertungen bemerkbar macht, werden auch deine Anzeigen richtig gut laufen. Das heißt, bevor du jetzt hingehst, alles auf eine Karte setzt und einen Haufen Geld mit *Facebook*-Ads verbrennst, mach dich zunächst mit den unterschiedlichen Kanälen vertraut und entscheide, welche die richtige für dich ist.
- **Nicht gleich alles überall:** Wenn du dich auf drei bis fünf Kanälen gleichzeitig anmeldest, bist du vermutlich nach einer Woche schon überfordert. Schließlich reicht es nicht allein, Beiträge zu posten – du solltest anschließend auch mit deiner Community in Kontakt bleiben – also kommentieren, Nachrichten beantworten und dich vernetzen. Fange besser mit einem Kanal an und betreue diesen richtig gut – später kannst du weitere hinzufügen, wenn der eine Kanal gut läuft.

- Doch das alles hilft wenig, wenn du **keine Lust auf die sozialen Medien** hast, denn die Menschen spüren es, wenn du ausschließlich Beiträge veröffentlichst, weil du was verkaufen willst und soziale Netzwerke im Grunde verachtest. Zum Glück gibt es noch andere Möglichkeiten, anstatt deine Angebote auf *LinkedIn*, *Pinterest*, *Instagram* oder *TikTok* zu bewerben: Es gibt noch immer viele erfolgreiche Blogger, die via Suchmaschinenoptimierung (SEO) beziehungsweise einem Blog auf ihrer Website an Kunden gelangen – zusätzlich zum Beispiel mit einem guten Newsletter. Vielleicht ist ein Podcast oder *YouTube* auch die richtige Wahl für dich?

Wichtig ist, dass eine Strategie dahintersteckt, also dass du dir im Klaren darüber bist, welches Ziel du erreichen willst, welche Inhalte deine Zielgruppe ansprechen und wie die Hörer oder Leser zu dir gelangen.

Stelle dir in jedem Fall die Frage: »Was passt zu mir?«, und mach dir darüber Gedanken, wo und wie du Werbung für dein Business machen willst, damit du Erstgespräche mit potenziellen Kunden führen kannst.

3. Bedarfsanalyse: Was braucht der potenzielle Kunde?

Egal, ob off- oder online: Wenn du eine Weile lang dein Angebot in die Welt hinausgerufen und das gut gemacht hast, wirst du die ersten Gespräche mit potenziellen Kunden führen. In diesem Gespräch ist es nun wichtig, genau herauszufinden, wo der konkrete Bedarf dieser Person liegt. Was braucht diese Person, was sind ihre Sorgen?

4. Angebot platzieren: Welches Paket kommt für die Interessenten infrage?

Erst wenn du das herausgefunden hast, kannst du das richtige Angebot platzieren: Ist das Paket *Basic* das richtige Paket für die Kundin, oder doch lieber das mittlere Paket – frage dich: Mit welchem Paket kannst du ihr Bedürfnis erfüllen?

5. Auftrag abschließen: Paket verkaufen und Zusammenarbeit starten!

Wenn du das richtige Angebot gefunden hast, ist es an der Zeit, das Deckelchen draufzusetzen und den Auftrag abzuschließen. Verkaufe!

Wichtig ist: Die Reihenfolge muss eingehalten werden. Vom Anfang bis zum Ende muss jeder Baustein aufeinander aufbauen und gleichzeitig wie bei einem Puzzle miteinander verzahnt werden. Von der Zielgruppenanalyse über die Angebotserstellung bis hin zur Wahl der Marketingmaßnahme und zum Verkauf muss alles miteinander abgestimmt sein.

Alina kann ihren Geburtsvorbereitungskurs noch so kreativ beschreiben, benennen und designen – wenn sie ihr Marketing dort platziert, wo sich im Wesentlichen Frauen ab 50 Jahren aufhalten, verkauft sie keinen einzigen Kurs.

Dasselbe gilt, wenn du ein Produkt erarbeitet hast, aber den Kundennutzen nicht kennst – auch dann wirst du nichts verkaufen. Wenn du eine Präsenzveranstaltung anbietest und Online-Marketing betreibst, deine Zielgruppe aber nicht dort anzutreffen ist, dann funktioniert das Ganze ebenfalls nicht.

Du kannst jeden einzelnen Baustein miteinander verbinden, doch wenn einer dieser Bausteine nicht in den Bausatz passt, funktioniert das ganze Marketing nicht. Deswegen sind die Themen *Positionierung* und *Marketing* so wichtig und sollten stets als komplettes Konzept betrachtet und behandelt werden.

Doch Theorie allein bringt dir nichts, wenn du sie nicht umsetzt und ausprobierst. Auch wenn das häufig behauptet wird, kenne ich niemanden, der seine Positionierung ausgearbeitet hat und diese dann gleich Pott auf Deckel funktionierte! Also hör bitte nicht auf das, was da manchmal erzählt wird. Im Gegenteil: Positionierung ist ein Prozess – die darf und muss sich entwickeln. Heute kann ich über meine Anfangszeit lachen, denn es ist natürlich ziemlich ambitioniert, zu glauben, dass bei diesen vielen Bausteinen gleich alle perfekt zusammenpassen. Es ist eine Kunst, spitz zu positionieren und gleichzeitig nicht so spitz, dass du dir deine ganze Zielgruppe wegrationalisierst. Stell dir vor, du bietest vegane Kochkurse für selbstständige

Schwangere an, die eine Glutenunverträglichkeit haben, die vom Sternzeichen Wassermann sind und nur am Samstagabend Zeit haben. Dann hast du dich sehr spitz positioniert; es gibt dann aber auch nur noch drei Personen auf der Welt, die deinen Kurs buchen würden …

Deswegen: Eine klare Positionierung ist das Grundgerüst für dein Marketing! Immer wieder fragen mich Gründer: »Mona, wie komme ich an Kunden?«

Meine Antwort ist immer dieselbe: »Indem du dich so aufstellst, dass dich deine Kunden finden – oder anders gesagt: Arbeite an deiner Positionierung! Mit der richtigen Positionierung ziehst du Kunden magisch an.«

Ich hoffe, dir ist nach den letzten Kapiteln bewusst geworden, dass der Textteil des Business-Plans zwar jede Menge Arbeit und Reflexion erfordert, aber nicht nur machbar ist, sondern auch wichtig für deinen erfolgreichen Start ins eigene Business.

Jetzt weißt du alles, was du für den Fließtext des Business-Plans wissen musst. Und falls du trotzdem noch Hilfe brauchst, zeige ich dir in Kapitel fünf, wie du bei der *Agentur für Arbeit* ein umfangreiches Gründercoaching beantragen kannst. Dann bekommst du nämlich einen Experten wie mich an deine Seite, um deinen Business-Plan zu erstellen – und dann kann nichts mehr schiefgehen!

Aber Moment, da war doch noch was … dieses leidige Thema, um das du vielleicht bisher einen großen Bogen gemacht hast: der Finanz-Plan.

Was du alles dafür wissen musst und wie du ihn erstellst, erkläre ich dir im folgenden Kapitel.

4.2.6 Die Statikberechnung (der Finanz-Plan)

Die meisten Gründer können sich zwar vorstellen, sich mit dem Fließtext des Business-Plans auseinanderzusetzen, aber selten habe ich einen Coachee, der sich darauf freut, sich mit den Excel-Tabellen und Zahlen zu beschäftigten, die unbedingt auch in den Business-Plan gehören.

Vielen stehen schon die Haare zu Berge, wenn sie nur an den Finanz-Plan denken! Geht es dir genauso? Kriegst du bei dem Gedanken an all die Zahlen und Tabellen auch schon kalte Füße?

Doch keine Sorge, auch ein Finanz-Plan besteht nur aus Tabellen – der beißt nicht. In meiner langjährigen Tätigkeit als Gründercoach haben bisher noch alle meine Kunden gelernt, wie sie diesen ganz einfach aufsetzen können. Und ich bin mir sicher: Du kannst das auch.

Viele meiner Kunden, die vor Beginn des Coachings große Angst vor dem Finanz-Plan hatten und von sich sagten, sie könnten nicht mit Zahlen umgehen, hatten am Ende sogar Spaß damit! Und das Beste ist, dass du ihn nicht nur für die Gründung brauchst, sondern Rentabilität und Liquidität selbst berechnen kannst, was dir später im Unternehmertum sehr hilfreich sein könnte.

Doch egal, wie du zum Finanz-Plan stehst – du wirst nicht um ihn herumkommen! Denn der ist so etwas wie die Statikberechnung eines Hauses. Diese ist absolut entscheidend für die Sicherheit und Stabilität eines Gebäudes, da diese auf genauen Planungen und Berechnungen der Belastungen, die auf die Struktur wirken werden, basiert: zum Beispiel das Gewicht des Gebäudes, Windlasten, Schneelasten und andere relevante Faktoren. Sie analysiert die Kräfte und Belastungen, die auf die Struktur einwirken, um sicherzustellen, dass das Haus den geltenden Baustandards entspricht und nicht einsturzgefährdet ist.

Ähnlich gestaltet es sich auch mit dem Finanz-Plan. Er ist ein wesentlicher Bestandteil deines Business-Plans und bietet eine detaillierte Darstellung der finanziellen Aspekte deines Unternehmens. Er umfasst Umsatzprognosen, Kostenstrukturen, Gewinn- und Verlustrechnungen, berücksichtigt Einnahmen, Ausgaben, Investitionen und Finanzierungsquellen über einen definierten Zeitraum. Und er schaut auch darauf, ob dein Cashflow der nächsten Jahre gesichert ist – also ob du dir die Gründung, so wie du sie planst, überhaupt leisten kannst. Für viele Gründer ist es auch das, wovor sie Angst haben.

Doch auch hier zählt: je mehr Planung, desto mehr Sicherheit! Der Finanz-Plan hilft dir dabei, herauszufinden, wo finanzielle Risiken und Unsicherheiten lauern.

Bisher hast du vermutlich nur wenige oder sogar gar keine Berührungspunkte mit Finanz-Plänen gehabt. Wozu auch, Finanz-Pläne für ein Business braucht man schließlich im Angestelltenverhältnis nicht. Es ist deshalb nur natürlich, wenn du dich damit nicht auskennst, und auch kein Problem!

Doch wenn du aus der Arbeitslosigkeit gründest und einen Gründungszuschuss bei der *Agentur für Arbeit* beantragen willst, dann musst du – zusammen mit dem Business-Plan – auch einen klar strukturierten und berechneten Finanz-Plan einreichen.

In diesem Kapitel will ich dir eine Vorstellung davon vermitteln, was in diesem Finanz-Plan enthalten sein sollte. **Ein solider Finanz-Plan besteht aus insgesamt vier Bestandteilen:**

- Rentabilitäts-Plan
- Investitions-Plan
- Finanzierungs-Plan
- Liquiditäts-Plan

Nun magst du einwenden, dass du zum gegenwärtigen Zeitpunkt nicht weißt, ob sich alles so entwickeln wird, wie du es dir wünschst und planst.

»Ist das nicht ein Blick in die Glaskugel?«, höre ich von Zeit zu Zeit von manchem Coachee. Auf der einen Seite: ja, auf der anderen: nein. Natürlich bildet der Finanz-Plan einen Blick in die Zukunft ab, denn keiner weiß genau, was kommt.

Doch für die Erstellung des Finanz-Plans nutzen wir bewährte Rechenmodelle und Strategien, um bestimmte Kennzahlen zu berechnen – wie zum Beispiel den Umsatz.

Umsatzsteigerung durch Pakete
Maximiere deinen Erfolg mit Paketen.

Trage deine eigenen Beträge in die Kalkulation ein und erstelle dir somit eine Umsatzvorschau:

Produkt	Preis netto	Anzahl Verkäufe	Gesamt
Paket BASIC			0,00
Paket ADVANCED			0,00
Paket PREMIUM			0,00
Sonstiges (zum Beispiel 1:1)			0,00
Umsatz			0,00

Abb. 1: Beispieltabelle zur Berechnung des Umsatzes (Quelle: Mona Wiezoreck)

Die meisten beginnen häufig damit, ihre Kosten im Rentabilitäts-Plan zu ermitteln. Ich habe jedoch über die Jahre festgestellt, dass ich Gründer besser unterstützen kann, wenn wir zuerst ermitteln, welchen Umsatz sie realistischerweise erwirtschaften werden. Wenn sie danach ihre prognostizierten Kosten abziehen, erreichen sie ein klares Bild davon, ob ihre Gründung funktionieren kann.

Wenn du diese Berechnung andersherum erstellst, verwässert das oft die Klarheit. Denn dann lässt du dich gegebenenfalls von den vorher ermittelten Kosten dazu verleiten, den Umsatz zu hoch einzuschätzen.

Hilfreich ist es übrigens auch, im Rahmen des Finanz-Plans zu errechnen, ob der geplante Umsatz überhaupt zu der zur Verfügung stehenden Arbeitszeit passt. Dazu ein Beispiel: Wenn ein Virtueller Assistent ohne Mitarbeiter startet, 50 Euro netto als Stundenlohn kalkuliert und mit durchaus smart gestalteten Paketen arbeitet und dann für das erste Jahr einen Umsatz von 250.000 Euro, für das zweite Jahr mit 500.000 Euro und für das dritte Jahr 1.000.000 Euro errechnet, weiß ich spätestens zu diesem Zeitpunkt, dass das nicht funktionieren wird. Egal, wie viele tolle Pakete er erstellt hat: Solange er mit Stundenlohn rechnet und keine Mitarbeiter anstellt, kann das nicht funktionieren. Denn rechnen wir beispielsweise mal mit 40 Wochenstunden, dann kommt er auf 2.000 Euro Umsatz pro Woche bei Vollauslastung (die er erst einmal erreichen muss). Selbst wenn er 52 Wochen durcharbeitet, ohne krank zu werden, in den Urlaub zu fahren und ohne Zeit für Marketing, Kennenlerngespräche, Buchhaltung und so weiter einzuplanen, dann käme er dennoch »nur« auf 104.000 Euro.

Der Rentabilitäts-Plan

Dieser Plan dient dazu, herauszufinden, ob sich das Business, welches du betreiben willst, auch rechnen wird – also ob es rentabel ist. In diese Excel-Tabelle trägst du Eckdaten, wie den realistischen prognostizierten Netto-Umsatz (ohne MwSt.), abzüglich der laufenden betrieblichen Kosten, die wahrscheinlich anfallen werden (zum Beispiel Marketingkosten, Büromaterial, Miete und so weiter) und dem Steuersatz, der voraussichtlich auf dich zukommt, ein.

Darüber hinaus werden auch betriebliche Steuern (Gewerbesteuer) aufgeführt. Sind alle Zahlen eingetragen, kommt unten ein Betriebsergebnis heraus und da wird dann sehr schön sichtbar, wie du dein Vorhaben geplant hast und ob das, was du damit verdienst, ausreicht, um dein Leben zu bestreiten. Ich empfehle immer, zusätzlich das Ganze mit deinen privaten Verpflichtungen abzugleichen, dir also auszurechnen, welche privaten Kosten und Verpflichtungen du monatlich hast, und diese im Rentabilitäts-Plan in getrennten Spalten zu berücksichtigen. Denn erst dann siehst du, wie viel Geld dir am

Ende des Monats voraussichtlich übrigbleiben wird, ob es ausreicht, um deinen Unterhalt zu bestreiten und Rücklagen zu bilden, oder ob du dir Gedanken darüber machen solltest, wie du zusätzlich an finanzielle Mittel kommen könntest. Es sollte tatsächlich immer etwas übrigbleiben, denn als Selbstständiger ist es essenziell, Rücklagen zu bilden. Einerseits, um gegebenenfalls ungeplante Forderungen zu begleichen, wie zum Beispiel eine Anpassung der Einkommensteuer an das Finanzamt. Andererseits gilt es, für schlechte Zeiten vorzusorgen. Denn auch wenn ich hoffe, dass diese nicht so schnell eintreten, hat uns die Corona-Pandemie gezeigt, dass Unvorhergesehenes unser Leben und auch unser Business ganz schön durcheinander schütteln kann. Ich erinnere mich noch gut an verzweifelte Anrufe von Kunden, die auf einmal dastanden und nicht wussten, wie sie drei Monate lang ihre Miete für das Ladenlokal bezahlen sollen. Deshalb empfehle ich dir, möglichst von Beginn an daraufhin zu arbeiten, dass dich unvorhergesehene Böen nicht umhauen können.

Den Rentabilitätsplan solltest du für die ersten drei Jahre aufstellen (Kalenderjahre eins, zwei und drei deines Business), weil im Schnitt auch der Unternehmensaufbau so lange dauert. Der Plan startet mit der Frage, wie viel Umsatz du im dritten Geschäftsjahr erwirtschaftest.

Das dritte Jahr deswegen, weil man in den meisten Fällen davon ausgeht, dass die ersten beiden Jahre dem Aufbau dienen. Du kannst als Faustformel im ersten Jahr mit 50 Prozent des geplanten Umsatzes rechnen und im zweiten mit 80 Prozent – somit planst du eine realistische Zeit ein, bis deine Marketingstrategie fruchtet und du mehr Kunden bekommst.

Hier ein paar Fragen, die dir beim Rentabilitäts-Plan helfen könnten:

1. Wie hoch schätzt du den erwarteten Umsatz für das erste Jahr ein? Bitte bedenke: Umsatz ≠ Gewinn!
2. Welche Preisstrategie verfolgst du und wie viele Dienstleistungen möchtest du im ersten Jahr erbringen? Also zum Beispiel: Wie viele 1:1-Coachingsessions?

3. Welche fixen Kosten fallen monatlich an (beispielsweise für Miete und Gehälter)?
4. Wie hoch schätzt du deine Brutto- und Netto-Gewinnmargen ein? Was bleibt dir abzüglich aller Kosten am Ende von einer Dienstleistung (zum Beispiel einer 1:1-Session) noch übrig?
5. Hast du kurzfristige und langfristige Ziele für die Rentabilität deiner Dienstleistung / deiner Angebote?

Hier ist es ganz besonders wichtig, dass du einen realistischen Blick für dein Unternehmen entwickelst. Denn klar ist: Alle wollen von 0 auf siebenstellig, aber wie sie dahin kommen, wissen die wenigsten.

Wenn eine Virtuelle Assistenz ihr *Money Mindset* beispielsweise so ausgerichtet hat, dass sie in ihren Business-Plan für das erste Jahr mal eben 250.000 Euro Umsatz einträgt und glaubt, auf diese Zahl mit reinen Schreib- und Organisationsarbeiten zu kommen, dann ist das schlichtweg naiv. Wie ich bereits zu Beginn des Buches geschrieben habe: Mindset ist wichtig, aber es ist nicht alles.

Der Investitions-Plan

Bei jeder Gründung sollte gut überlegt werden, welche Investitionen nötig sind, um das Business zu starten und durchzuführen. Welche Aufwendungen sind nötig, um mit deinem Business loszulegen? Sind es womöglich Weiterbildungen oder Ausbildungen, die du noch absolvieren möchtest? Brauchst du einen neuen Laptop oder Video-Equipment oder sonst etwas an technischer Ausrüstung? Dann solltest du das hier aufführen und entsprechend zusammenrechnen. Je nach Gründungsvorhaben sind Investitions-Pläne unterschiedlich umfangreich.

Willst du beispielsweise ein Café eröffnen, dann brauchst du natürlich Geschirr, Möbel, Deko und eine Küche – vielleicht müssen die Räumlichkeiten auch renoviert werden. Wenn du als Virtuelle Assistenz gründest, brauchst du vermutlich noch nicht mal ein Büro oder irgendwelche Möbel, sondern es reicht meist erst mal ein Laptop und ein Smartphone – beides ist wahrscheinlich schon vorhanden.

Bedenke bitte auch, dass die Gründung als solche möglicherweise Kosten mit sich bringt. Das hängt wiederum von der ausgewählten Rechtsform ab. Wenn du beispielsweise eine GmbH gründest, dann kommen Kosten für den Notar und die Eintragung ins Handelsregister beim Amtsgericht auf dich zu.

So oder so: Für den Investitions-Plan gilt es, eine Aufstellung der Investitionen zu erstellen, die nötig sind, damit dein Gründungsvorhaben umgesetzt werden kann.

Hier ein paar Fragen, die dir beim Investitions-Plan helfen könnten:

1. Welche Investitionen sind für den Start deines Dienstleistungsunternehmens notwendig (zum Beispiel Laptop, Smartphone, Drucker)?
2. Welche langfristigen Investitionen sind für das Wachstum deines Dienstleistungsunternehmens erforderlich?

Der Finanzierungs-Plan

Hast du deinen Investitions-Plan aufgestellt, stellt sich natürlich die Frage, wo das Geld herkommt, um diese Investitionen zu tätigen. Aus diesem Finanzierungsplan geht dann ganz genau hervor, wie du deine Gründung finanzieren willst.

Bringst du vielleicht ausreichend Barvermögen, Eigenkapital, einen Betriebsmittelkredit oder ein Verwandtendarlehen mit ein oder nimmst du ein Gründungsdarlehen bei der KfW[31] auf? Es gibt verschiedene Möglichkeiten, woher das Geld kommen könnte, um deine Investitionen zu tätigen. Bedenke, dass möglicherweise Zinsen auf dich zukommen, die dann natürlich in die Kalkulation miteinfließen müssen. Solltest du mit einem KfW-Kredit liebäugeln, dann ist deine Hausbank dein Ansprechpartner. Denn die Hausbank ist zuständig dafür, KfW-Mittel durchzuleiten; und dort wird auch die Kreditprüfung durchgeführt – genau wie wenn du ein Haus oder eine Eigentumswohnung finanzieren würdest.

---

31 Die KfW oder Kreditanstalt für Wiederaufbau ist eine deutsche Förderbank.

Hier ein paar Fragen, die dir beim Finanzierungs-Plan helfen könnten:

1. Wie viel Eigenkapital kannst du selbst beisteuern?
2. Welche Art von Fremdkapital (beispielsweise Darlehen) planst du zu beantragen, um dein Dienstleistungsunternehmen zu starten oder zu erweitern?
3. Hast du eventuell Investoren im Blick – wenn ja: Wie viel Kapital möchtest du von diesen einwerben?
4. Hast du die Möglichkeit, den Gründungszuschuss zu beantragen, oder kommen alternativ weitere Fördermittel oder Zuschüsse in Betracht?

Der Liquiditäts-Plan

Wenn die ersten drei Pläne in Form von Excel-Tabellen erstellt sind, dann kommst du schon zum letzten Teil des Finanz-Plans. Der Liquiditäts-Plan soll sicherstellen, dass du in deinem Business immer über ausreichend Liquidität (»Flüssigkeit«) verfügst und dein Business genug Geld bringt, um deinen finanziellen Verpflichtungen nachzukommen.

Das bedeutet, dass du immer genug Geld auf dem Konto hast, um alle anstehenden Ausgaben begleichen zu können. Das kannst du wunderbar mithilfe des Liquiditäts-Plans berechnen.

Der Liquiditäts-Plan setzt sich folgendermaßen zusammen: Auf der einen Seite trägst du den Umsatz ein, den du voraussichtlich in den ersten zwölf Monaten generieren wirst und wie dieser Umsatz monatlich aufgeteilt sein könnte, und auf der anderen Seite die Ausgaben. Darin berücksichtigst du beispielsweise auch saisonale Schwankungen, also wenn dein Business vielleicht einem gewissen Saisongeschäft unterliegt, wie zum Beispiel bei einer Eisdiele.

Hier gilt es, sehr sorgfältig zu arbeiten, denn sowohl die Umsatzkalkulation als auch die Frage, was an finanziellen Verpflichtungen und Kosten auf dich zukommt, sind natürlich essenziell für dich und den Erfolg deines Unternehmens. Denke daran, dass du monatliche Kosten haben wirst, andere vielleicht eher pro Quartal oder einmal jährlich. All das wird in diesen Plan eingetragen, sodass du einen guten Überblick darüber bekommst, ob du immer genug Geld zur Verfügung haben wirst.

Es lohnt sich, hier ganz genau hinzuschauen und zu prüfen. Ich empfehle, den Liquiditäts-Plan über 36 Monate aufzustellen. Das ist zwar ein bisschen mehr Arbeit, aber spätestens, wenn du dich mit deinem Business-Plan bei einer Bank vorstellst (beispielsweise für den Antrag eines KfW-Kredits), um ein Darlehen zu beantragen, wirst du diesen Umfang brauchen.

Bitte füge in diesen Plan als Einnahme auch den voraussichtlichen Gründungszuschuss mit ein. Denn da du aus der Arbeitslosigkeit heraus gründest, hast du gute Chancen, den Zuschuss auch zu bekommen (und vorab auch das Gründercoaching).

Hier beißt sich die Katze in den Schwanz, denn du musst bereits einen Business- und Finanz-Plan einreichen, um den Gründungszuschuss zu beantragen. Du kannst dir jedoch mit einer einfachen Formel ausrechnen, wie hoch dieser voraussichtlich sein wird. Diesen Betrag trägst du dann auch in den Liquiditätsplan ein (Formel: Betrag wie ALG 1 + 300 Euro – für sechs Monate = dein Gründungszuschuss). Manchmal kommt es zwar vor, dass ein Arbeitsvermittler wünscht, dass du den Gründungszuschuss wieder aus deinem Plan entfernst, in der Praxis aber hat sich gezeigt, dass die Finanz-Pläne in den meisten Fällen akzeptiert werden, wenn der Gründungszuschuss aufgeführt wird.

Hier ein paar Fragen, die dir beim Liquiditäts-Plan helfen könnten:

1. Wie gestaltet sich der Zahlungseingang von Kunden für deine Dienstleistungen (zum Beispiel sofortige Zahlung, Zahlungsziel)?
2. Hast du eine Liquiditätsreserve für unvorhergesehene Ausgaben eingeplant?
3. Wie viel musst du monatlich einnehmen, um deine laufenden Kosten decken zu können?
4. Wie lange kannst du dein Dienstleistungsunternehmen ohne Einnahmen aufrechterhalten?

Weitere Fragen zum Finanz-Plan allgemein:

1. Hast du verschiedene Szenarien (optimistisch, pessimistisch) für die Nachfrage nach deinen Dienstleistungen in Betracht gezogen? Was, wenn beispielsweise wieder ein Lockdown käme? Was, wenn die Nachfrage nach deiner Dienstleistung plötzlich so hoch ist, dass du sie allein nicht mehr bewältigen kannst?
2. Welche finanziellen Risiken siehst du für dein Unternehmen, und wie planst du, damit umzugehen?
3. Hast du Notfallpläne für finanzielle Engpässe oder unerwartete Ereignisse?

Wenn du diesen Finanz-Plan am Ende fertig ausgefüllt hast, dann wird er dem Business-Plan als Anlage hinzugefügt und jeder einzelne Plan (also Rentabilitätsplan, Investitionsplan, Finanzierungsplan und Liquiditätsplan) sollte zusätzlich im Business-Plan in Textform erläutert und interpretiert werden.

Ich erarbeite mit meinen Coachees im Gründercoaching den Business- und Finanz-Plan im 1:1-Coaching. Für den Finanz-Plan nutze ich ein Excel-Sheet, in das alle vier Pläne einfließen. Darin sind bereits alle wichtigen Punkte angegeben, an die du denken musst, und du musst nur noch ein paar Zahlen eintragen. Dadurch, dass die vier Pläne alle verknüpft sind, ergibt sich beispielsweise der Liquiditätsplan fast von allein.

Jetzt weißt du, was in einem Finanz-Plan von dir erwartet wird. Vielleicht denkst du nun: »Oje, das ist mir alles immer noch zu kompliziert – ich steig da gedanklich aus«, dann ist ein Gründercoaching sicherlich eine gute Wahl für dich. Als Gründer aus der Arbeitslosigkeit hast du zwar keinen gesetzlichen Anspruch auf ein solch umfangreiches Coaching, aber sehr gute Chancen, es bewilligt zu bekommen. Jeder Arbeitsvermittler in Deutschland darf einen Aktivierungs- und Vermittlungsgutschein ausstellen, mit dem du bei einem Bildungsträger deiner Wahl ein solches Gründercoaching absolvieren darfst – zum Beispiel bei mir.

Wie du den Gründungszuschuss und auch das Gründercoaching beantragen kannst, erkläre ich dir Schritt für Schritt im fünften Kapitel.

Übrigens: Es macht überhaupt keinen Sinn, den Finanz-Plan schon anzufangen, wenn deine übrigen Reflexionen zum Business-Plan noch nicht abgeschlossen sind. Denn wenn du den Finanz-Plan angehst, solltest du alle relevanten Fragen bereits beantwortet haben. Dann musst du beispielsweise wissen, welche Rechtsform du wählst.

Denn daraus ergeben sich unterschiedliche Steuerarten und finanzielle Verpflichtungen. Bist du beispielsweise Freiberufler oder gründest ein Einzelunternehmen, dann stellt sich dir direkt schon die Frage, ob du in den Finanz-Plan eine Gewerbesteuer einberechnen musst. Doch das ist nur ein Beispiel, warum dieser erst am Ende deines Fließtexts erstellt werden sollte. Wichtig ist, dass du dir vorab über alle Bereiche ausführlich Gedanken gemacht hast. Denn der Finanz-Plan muss am Ende zum Textteil des Business-Plans passen.

Damit du einen Überblick darüber bekommst, welche Steuerarten in der Gründung auf dich zukommen könnten, habe ich dir im nächsten Unterkapitel einen Überblick dazu zusammengestellt.

4.2.7 Die Hausordnung (Steuern und Finanzen)

Wenn ich meine Kunden frage, was das Schlimmste sein könnte, was ihnen bei ihrer Gründung passieren könnte, antworten viele: »Probleme mit dem Finanzamt!« Sehr viele Menschen, die in die Existenzgründung starten, haben Angst vor horrenden Nachzahlungsforderungen. Und ja, es gibt sie: Solche Briefe vom Finanzamt können tatsächlich auch in deinem Briefkasten landen.

Wie bei jedem Tennismatch gibt es auch bei deiner Gründung Regeln, an die du dich halten musst. Und genau wie die Schiedsrichter beim Tennis versteht auch das Finanzamt keinen Spaß, wenn du gegen die gesetzlichen Vorgaben verstößt. Unwissenheit schützt auch hier nicht vor Strafe. Mach dich deshalb am besten so bald wie möglich mit den Spielregeln vertraut.

Einen ersten Überblick darüber, welche Steuern auf dich als Existenzgründer zukommen können, biete ich dir in diesem Kapitel:

1. Umsatzsteuer – der Durchlaufposten

Die Umsatzsteuer, auch Mehrwertsteuer genannt, ist eine Verbrauchssteuer, die auf den Umsatz von Waren und Dienstleistungen erhoben wird. In Deutschland beträgt der allgemeine Umsatzsteuersatz in der Regel 19 Prozent. Es gibt auch einen ermäßigten Steuersatz von sieben Prozent, der für bestimmte Güter und Dienstleistungen gilt, wie zum Beispiel Lebensmittel, Bücher und kulturelle Veranstaltungen.[32]

Die Umsatzsteuer wird auf den Nettoumsatz berechnet, was bedeutet, dass sie auf den Verkaufspreis aufgeschlagen wird. Wenn du mit deinem Unternehmen steuerpflichtige Umsätze erzielst, musst du die erhaltene Umsatzsteuer in einem bestimmten Rhythmus und fristgerecht an das Finanzamt abführen. Der Zahlungsrhythmus hängt davon ab, wie viel Umsatz du erzielst.

Gleichzeitig hast du das Recht, die von dir gezahlte Umsatzsteuer (Vorsteuer) von der Umsatzsteuer abzuziehen, die du auf deine Einkäufe und beanspruchte Dienstleistungen gezahlt hast. Die Differenz zwischen der abgeführten Umsatzsteuer und der abgezogenen Vorsteuer wird an das Finanzamt abgeführt oder erstattet. Deshalb nennt man diese Steuer auch gerne »Durchlaufposten«.

Wenn du zu Beginn noch keine hohen Einkünfte erwartest, kommt für dich vielleicht die **Kleinunternehmerregelung** nach § 19 UStG infrage, gemäß derer alle Rechnungsbeträge als Nettobeträge ausgewiesen werden. Das heißt, wenn du als Kleinunternehmer beim Finanzamt gemeldet bist, dann brauchst beziehungsweise darfst du keine Umsatzsteuer auf deinen Rechnungen ausweisen, musst aber in deinen Rechnungen auf die Kleinunternehmerregelung hinweisen.

Die Einstufung als Kleinunternehmer kann frisch gebackenen Unternehmern einige Vorteile bringen. Es gibt aber auch einige Voraussetzungen zu erfüllen und Nachteile zu bedenken. Als Kleinunternehmer giltst du, wenn dein steuerpflichtiger Jahresumsatz im

32 Vgl. https://www.finanzamt.nrw.de/steuerinfos/unternehmen/umsatzsteuer/umsatzsteuer-ein-ueberblick; besucht am 04.06.2024.

Gründungsjahr unter 22.000 Euro liegt und du im zweiten Jahr nicht mehr als 50.000 Euro Umsatz erwartest.[33]

Ich empfehle dir, dich schon im Vorfeld damit auseinanderzusetzen, was die Kleinunternehmerregelung ist und welche Möglichkeiten sie bietet. Bitte lass dich dabei nicht von anderen Unternehmern beeinflussen oder von Gedanken wie: »XY hat das auch so gemacht und für sie war das super, dann passt das auch für mich!«

Egal, ob du als Einzelunternehmer, Freiberufler oder in Form einer GbR gründest, die Kleinunternehmerregelung kann auf all diese Rechtsformen angewendet werden. Vielmehr spielt der voraussichtliche Umsatz eine Rolle, den du im Gründungsjahr anpeilst. Denn im Gründungsjahr müssen Unternehmer ihren voraussichtlichen Umsatz für das Kalenderjahr schätzen und an das Finanzamt übermitteln. Wenn du die Voraussetzungen als Kleinunternehmer erfüllst, kannst du aber immer noch freiwillig entscheiden, ob du nicht trotzdem auf sie verzichten willst. Aber Vorsicht: Meldest du dich freiwillig als umsatzsteuerpflichtig, bist du fünf Jahre lang an diese Entscheidung gebunden!

Ein Vorteil der Kleinunternehmerregelung ist, dass der Verwaltungsaufwand erleichtert wird, da du keine Umsatzsteuer auf deinen Rechnungen ausweisen und keine Umsatzsteuervoranmeldungen abgeben musst. Außerdem hast du einen Preisvorteil, denn deine Kunden zahlen bei dir keine Umsatzsteuer. Das ist vor allem für Privatkunden von Vorteil, da sie die Umsatzsteuer ohnehin nicht vom Finanzamt zurückerstattet bekommen.

Ein Nachteil der Kleinunternehmerregelung ist, dass du den Preisvorteil vermutlich nicht ewig halten kannst, denn wenn sich dein Unternehmen gut entwickelt, wirst du langfristig in die Regelbesteuerung wechseln müssen und dann werden deine Preise für deine Privatkunden automatisch teurer, weil du nun eine Mehrwertsteuer ausweisen musst.

---

33 Vgl. https://www.finanzamt.nrw.de/steuerinfos/unternehmen/umsatzsteuer/kleinunternehmerinnen-und-kleinunternehmer; besucht am 04.06.2024.

Nehmen wir das Beispiel einer Fußpflegerin: Nach der Gründung bietet sie ihre Dienstleistung zunächst im Rahmen der Kleinunternehmerreglung für 20 Euro an, doch das Geschäft läuft gut, sodass sie bald umsatzsteuerpflichtig wird. Nun muss sie zusätzlich die Mehrwertsteuer auf ihre Dienstleistung berechnen und 23,80 Euro verlangen, ohne dass sie einen Cent mehr in der Tasche hat. Doch für ihre Kunden ist es eine plötzliche Preiserhöhung, obwohl sie dafür nicht mehr Leistung bekommen.

Ein weiterer Nachteil der Kleinunternehmerregelung ist, dass die Betriebskosten höher sind als bei Unternehmern, die umsatzsteuerpflichtig sind. Denn wenn du keine Umsatzsteuer einnimmst, kannst du sie auch nicht von den Betriebsausgaben absetzen. Das heißt, jede Anschaffung für dein Unternehmen zahlst du also komplett brutto und erhältst die gezahlte Umsatzsteuer nicht vom Finanzamt zurück. Darüber hinaus zeigt die fehlende Umsatzsteuer auf deinen Rechnungen deinen Kunden, dass du noch nicht viel mit deinem Unternehmen verdient hast, und das könnte sich negativ auf dein Image auswirken. Viele Gründer haben mir außerdem bereits berichtet, dass sie sich klein fühlen, wenn sie den Passus der Kleinunternehmerregelung angeben müssen.

Extratipps:

- **Behalte deine Einnahmen im Blick:** Erstelle eine realistische Prognose deiner künftigen Einnahmen. Ein Finanz-Plan kann dir dabei helfen. Die Entscheidung für beziehungsweise gegen die Kleinunternehmerregelung will wohlüberlegt sein und dazu ist eine realistische Prognose deiner künftigen Einnahmen unabdingbar. Entscheidest du dich gegen die Kleinunternehmerregelung und verdienst dann doch unter 22.000 Euro im Jahr, kannst du dennoch erst nach fünf Jahren den Status des Kleinunternehmers beantragen. Wirst du allerdings als Kleinunternehmer eingestuft und stellst am Ende des Jahres fest, dass du die Voraussetzungen für die Kleinunternehmerregelung nicht mehr erfüllst und die Umsatzgrenze überschritten hast, bist du ab dem neuen Jahr umsatzsteuerpflichtig. Am besten behältst du deine Einnahmen immer gut im Blick und sobald Handlungsbedarf besteht, suchst du dir einen guten Steuerberater, der dich fachmännisch über die nächsten Schritte beraten kann.

- **Erstelle dir eine Rechnungsvorlage, inklusive Hinweis auf die Kleinunternehmerregelung:** Auf die Rechnung eines Kleinunternehmens gehört zwingend der Hinweis: »Gemäß § 19 UStG wird aufgrund der Kleinunternehmerregelung keine Umsatzsteuer erhoben.« Fehlt dieser Satz, werden Unternehmenskunden den Betrag nicht zahlen, da sie für ihre Buchhaltung die Ausweisung der Umsatzsteuer auf der Rechnung benötigen. Um dir viel Zeit mit Rechnungskorrekturen zu ersparen, kannst du den Hinweis zur Kleinunternehmerregelung unten in deiner Rechnungsvorlage einfügen – oder direkt eine Buchhaltungssoftware, wie beispielsweise *Lexoffice* nutzen, das den Satz automatisch und korrekt einfügt, solange du Kleinunternehmer bist.

2. Einkommensteuer – wichtige staatliche Einnahmequelle

Die Einkommensteuer ist eine direkte Steuer, die auf das Einkommen aller natürlichen Personen erhoben wird und eine der wichtigsten Einnahmequellen des Staates ist. Er finanziert damit öffentliche Ausgaben und Aufgaben (wie mit allen anderen Steuern auch). Ein großer Teil der Steuereinnahmen wird beispielsweise für die Finanzierung von Sozialleistungen verwendet, darunter Renten- und Krankenversicherung, Arbeitslosenunterstützung und andere Sozialprogramme. Darüber hinaus werden damit Bildungseinrichtungen wie Schulen, Universitäten und Forschungsinstitute finanziert. Außerdem fließt ein erheblicher Teil in unsere Gesundheitsversorgung (zum Beispiel Krankenhäuser), in die Infrastruktur (zum Beispiel Straßenbau), Verteidigung, Polizei und Feuerwehr und in die Verwaltung des Landes ein.[34]

Vermutlich hast du schon einmal eine Einkommensteuererklärung erstellt. Im Grunde ist das der einzige Moment im Jahr, in dem sich

34 Vgl. https://www.bundesfinanzministerium.de/Web/DE/Themen/Steuern/Steuerarten/Einkommensteuer/einkommensteuer.html; besucht am 30.04.2024.

auch Angestellte mit dem Thema *Steuern* auseinandersetzen können – aber nicht müssen, weil ihr Arbeitgeber bereits monatlich Lohnsteuer für sie ans Finanzamt überwiesen hat. Während nicht jeder Angestellte zwingend eine Einkommensteuererklärung abgeben muss, bist du als natürliche Person beziehungsweise Kleingewerbetreibender oder Gesellschafter einer GbR dazu verpflichtet. Dein zu versteuernder Gewinn wird durch eine Einnahmenüberschussrechnung (EÜR) ermittelt, die du online über das ELSTER-Portal abgibst (solange der Umsatz unter 600.000 Euro beziehungsweise der Gewinn unter 60.000 Euro im Jahr bleiben).[35]

Personengesellschaften, also Einzelunternehmer, Kaufleute, GbR und OHG, entrichten die Einkommensteuer auf den Gewinn, den sie anteilig vom Unternehmensgewinn erhalten. Wenn du mal Verluste erwirtschaftest, zahlst du entsprechend auch keine Einkommenssteuer.[36]

Für Selbstständige gibt es einen Grundfreibetrag, den du nicht versteuern musst (2024 sind es 11.604 Euro für ledige Personen). Der Freibetrag erhöht sich jährlich.[37] Hol dir dazu am besten professionelle Hilfe. Denn während du deine Buchhaltung bequem mit *Lexoffice* erledigen kannst, sollte die Einkommensteuererklärung von einem Fachmann (Steuerberater) begleitet werden.

3. Körperschaftsteuer – für juristische Personen

Kapitalgesellschaften wie GmbH oder AG sind juristische Personen (also *Körperschaften*). Eine *juristische Person* entsteht, wenn sich *natürliche Personen* (also Menschen) zu einem Unternehmen, einem Verein, einer Stiftung oder Ähnlichem zusammenschließen.

---

35 Vgl. https://www.bundestag.de/dokumente/textarchiv/2024/kw08-de-wachstumschancengesetz-990672; besucht am 30.04.2024.

36 Vgl. https://www.haufe.de/finance/haufe-finance-office-premium/personengesellschaften-steuerliche-behandlung_idesk_PI20354_HI2185891.html; besucht am 03.05.2024.

37 https://www.finanztip.de/freibetraege-pauschbetraege/; besucht am 03.05.2024.

Die Basis für die Körperschaftsteuer des Unternehmens ist der Gewinn des Unternehmens (also das körperschaftsteuerpflichtige Einkommen der GmbH oder AG).

Entscheidend bei der Berechnung der Körperschaftsteuer ist, wo sich der Unternehmenssitz befindet. Sitzt das Unternehmen in Deutschland, ist es uneingeschränkt körperschaftsteuerpflichtig. Befindet sich der Sitz der Geschäftsleitung im Ausland, erzielt aber Einkünfte im Inland, ist es nur beschränkt körperschaftsteuerpflichtig.

Vielleicht erscheint dir der Körperschaftsteuersatz niedrig. Allerdings gilt es zu bedenken, dass Kapitalgesellschaften außerdem gewerbesteuerpflichtig sind. Außerdem musst du deinen Teil des Gewinns beziehungsweise deine Dividende darüber hinaus in deiner Einkommenssteuererklärung eintragen und entsprechend versteuern.

4. Die Gewerbesteuer – orts- und ertragsabhängig

Die Gewerbesteuer müssen alle Gewerbetreibenden bezahlen. Freiberufler sind hier also ausgenommen.

Personengesellschaften und Einzelunternehmer verfügen aktuell über einen Freibetrag von 24.500 Euro. Der Freibetrag in anderen Rechtsformen ist deutlich geringer. Erwirtschaftest du Gewinne darüber, musst du für diese Differenz Gewerbesteuer bezahlen. Somit zahlen Kleinstbetriebe meist keine Gewerbesteuer, da der Gewinn zu gering ist.

Die Höhe der Gewerbesteuer wird wie folgt berechnet:
Gewerbeertrag x 3,5 Prozent x Hebesatz = Gewerbesteuer

Der Hebesatz kann von Kommune zu Kommune variieren. Woher diese Regelung stammt, ist leicht erklärt: Jedes Jahr finden in den Kommunen Haushaltsbesprechungen statt. Reicht das Geld nicht für die Erfüllung der Pflichtaufgaben oder die Umsetzung wichtiger Investitionen, wird der Hebesatz erhöht. Daher erstellt die Kommune auch deinen Gewerbesteuerbescheid, obwohl du die Gewerbesteuererklärung beim Finanzamt abgibst.[38]

Brauche ich einen Steuerberater?
Ich bin keine Steuerfachfrau und kann dir daher nur einen Überblick liefern. In jedem Fall rate ich Gründern deshalb immer, sich schon zu Beginn der Unternehmensgründung einen kompetenten Steuerberater zu suchen, falls sie noch keinen haben. Wichtig zu beachten ist dabei, dass Steuern wirklich Vertrauenssache sind. Bitte also ruhig mehrere Steuerberater nach ersten Kennenlerngesprächen, in denen du auch ihre Vergütung erfragst. Nur so kannst du eine fundierte Entscheidung treffen und den Steuerberater deines Vertrauens finden. Ich empfehle dir auch, deine Buchhaltung gerne allein mit *Lexoffice* zu erstellen – den Steuerberater aber für die Einkommensteuererklärung beziehungsweise den Jahresabschluss ins Boot zu holen.

4.2.8 Extratipp: Finanzen

Natürlich könnte man mit dem Thema *Finanzen* allein mehrere Bücher füllen. Am Ende dieses Buchs gebe ich dir ein paar wertvolle Literaturempfehlungen, die dich fit für das Thema machen. Auf den nächsten Seiten beschränke ich mich aber auf ein paar wertvolle Extratipps, die dir in puncto Finanzen und Gründung weiterhelfen könnten.

1. Keine Angst vor den Finanzen
Ich möchte dich an dieser Stelle motivieren, dich wirklich mal näher mit diesem Thema zu befassen – nicht nur für den Finanz-Plan. Besonders Frauen sind leider oft noch immer sehr zurückhaltend und überlassen ihre Finanzen häufig den Männern in ihrem Umfeld. Einerseits, weil sie glauben, das Thema sei »langweilig« oder weil sie denken: »Ich kann das nicht.«

---

38 Vgl. https://www.finanzamt.nrw.de/steuerinfos/unternehmen/gewerbesteuer; besucht am 04.06.2024.

Bei meiner Arbeit stelle ich regelmäßig fest, dass das Gegenteil der Fall ist! Viele Frauen sind total überrascht, wenn sie im Coaching feststellen, dass der Finanz-Plan sogar Spaß machen kann. Wenn erst mal die Berührungsängste mit diesem Thema überwunden sind und sie anfangen, sich mit ihren Finanzen zu beschäftigen, passieren oft fantastische Dinge! Denn Buchhaltung, NFTs oder Krypto können erstaunlich faszinierend sein. Also nur Mut, denn es ist ein unglaublich befreiendes Gefühl, wenn du das alles super alleine schaffst!

2. Cashflow im Blick

Um eine Selbstständigkeit erfolgreich zu führen, ist es von essenzieller Bedeutung, dass du deine Finanzen gut im Überblick behältst. Dabei geht es in erster Linie darum, dauerhaft deinen Kontostand zu überwachen und sicherzustellen, dass du die kommenden finanziellen Verpflichtungen stemmen kannst. Der Cashflow in einer Selbstständigkeit verhält sich nämlich anders als in einem Angestelltenverhältnis. Zur Berechnung des Cashflows empfehle ich dir eine wöchentliche Routine – das mache ich bis heute so. Dann bekommst du ein Gespür für deine Finanzen.

Denn die Gründung – beispielsweise eines Coaching-Business – kann dauern. Es braucht seine Zeit, bis du genügend Reichweite und Sichtbarkeit aufgebaut hast und bis deine Positionierung steht. Ich empfehle dir deshalb, schon vor der eigentlichen Gründung die einzelnen Bausteine deiner Idee zu testen und herauszufinden, ob deine Marketingstrategie Früchte trägt. Ich nenne das »Grundrauschen«.

Außerdem ist es gegebenenfalls sinnvoll, dir bereits vor der Gründung mit einem überschaubaren Zeitaufwand pro Woche ein bisschen Cashflow zu generieren. Das kann in einigen Fällen sehr hilfreich sein, zum Beispiel, wenn du mit deinem Marketing noch ganz am Anfang stehst und noch gar keinen Kunden in Aussicht hast oder wenn dein Sicherheitsbedürfnis sehr hoch ist und du es damit befriedigen kannst.

Das könnte in Form einer Dozentenstelle, durch Affiliate-Marketing oder etwas ganz anderem sein. In den meisten Fällen steht die Tätigkeit nicht in Verbindung zu deiner Gründungsidee, aber das ist auch nicht so wichtig. Doch wenn das der Fall ist, kannst du damit schon mal deine Positionierung austesten und gleichzeitig ein wenig Startkapital generieren, während du an deinem Business-Plan schreibst. Die Balance muss jedoch stimmen. Und wenn du dann feststellst, dass sich dein Gründungsvorhaben noch ein bisschen wackelig anfühlt, dann überleg doch mal: Mit welcher Tätigkeit könntest du von Anfang an Umsatz generieren?

Ich habe dir ja im Kapitel *Marketing* bereits erzählt, wie das bei mir am Anfang meines Coachingbusiness war: Trotz Logo und Website war es schwieriger, Kunden zu akquirieren, als ich mir das vorgestellt hatte. Das hat mich ziemlich frustriert, weil ich irgendwann nicht mehr wusste, was ich noch machen sollte, um an Aufträge zu gelangen. Nun musst du natürlich bedenken, dass das bereits zehn Jahre her ist – damals war Online-Marketing noch kaum ausgeprägt.

Nach ein paar Monaten kontaktierte mich dann ein Mann über mein *Xing*-Profil und fragte mich, ob ich Interesse hätte, als Gründercoach mit ihm und seiner Firma zusammenzuarbeiten. Ich habe dann einmal mit ihm telefoniert, habe mir die Rahmenbedingungen angehört und gebe zu, dass ich kaum Fragen gestellt habe (das würde ich heute natürlich anders machen). Ich bin dann mutterseelenallein mit dem ICE nach Frankfurt gefahren.

Als ich am Bahnhof angelangt war, habe ich die Adresse rausgeholt und bin losgelaufen – aus dem Bahnhofsgebäude hinaus und links in die Stadt rein. Falls du Frankfurt nicht kennst: Das ist nicht die allerbeste Gegend. Und als ich so da entlanglief, kamen mir auf einmal Zweifel an der Sache. War das wirklich eine gute Idee? Ich lief weiter und zum Glück veränderte sich die Gegend schon bald. Anstatt heruntergekommener Bruchbuden standen da auf einmal schicke Glasbauten – da merkte ich, dass ich am Rande des Bankenviertels angelangt war. Kurze Zeit später erreichte ich mein Ziel: ein riesengroßes Gebäude.

Ich bin hinein und bis in die 38. Etage hochgefahren. Dort traf ich in einem kleinen Büro einen Mann, der mir trocken und wortkarg einen einseitigen Vertrag unter die Nase hielt und den ich unterschreiben sollte. Das habe ich mir dann sorgfältig durchgelesen, unterschrieben und anschließend einige Jahre mit diesem Mann zusammengearbeitet. Zum Glück war es ein seriöses Unternehmen und es war damals genau das, was ich in dieser Situation gebraucht habe: eine Dozentenstelle als Gründercoach.

Mithilfe dieser Kooperation fand ich leichter Kunden und baute mir Stück für Stück eine Reputation auf. Parallel dazu fasste ich in Aachen Fuß und es dauerte nicht lange, bis ich ausgebucht war. Im Grunde habe ich schon damals meinen ganzen Alltag damit verbracht, Gründercoachings zu geben.

Das meine ich mit »Grundrauschen«: Eine solche Dozentenstelle hat den Charme, dass man eine deutlich höhere Auslastung hat, als wenn man alle Mandate komplett selbst akquirieren muss. Natürlich kam für mich irgendwann der Punkt, an dem mir dieses Dozentengehalt nicht mehr genug war – außerdem sah ich mich eher als Unternehmerin –, deshalb habe ich mich nach ein paar Jahren von dieser Kooperation verabschiedet. Aber für den Anfang war es perfekt, weil ich dadurch ordentlich Umsatz generiert habe und immer einen gewissen Cashflow zur Verfügung hatte.

Coaches erhalten relativ leicht Dozentenstellen, zum Beispiel bei der *IHK* oder bei Universitäten oder Volkshochschulen – ein guter Einstieg und die Möglichkeit, bekannter zu werden.

Doch nun zurück zu meinen Tipps!

3. Ordentliche Rechnungen schreiben

Deine Rechnungen müssen folgende Angaben aufweisen:

- **Absender** (Damit ist deine vollständige Geschäftsadresse gemeint.)
- **Empfänger** (Dies ist die vollständige Adresse beziehungsweise Firmierung deines Kunden.)
- **Rechnungsnummer** (Die Rechnungsnummer muss zwingend fortlaufend sein, damit das Finanzamt feststellen kann, ob alle Rechnungen erfasst sind. Am einfachsten fängst du bei der Gründung mit Rechnungsnummer eins an.)

- **Rechnungsdatum** (Das Datum, an dem du die Rechnung erstellst, ist das Rechnungsdatum.)
- **Leistungszeitraum** (Hier gibst du an, in welchem Zeitraum du die berechnete Dienstleistung erbracht hast. Zum Beispiel: Februar 2024.)
- **Leistungsort** (Hier gibst du gegebenenfalls an, wo die Dienstleistung erbracht wurde. Bei einem Workshop zum Thema Selbstmanagement wäre das zum Beispiel: *Seminarhotel zum Walde in Düsseldorf.)*
- **Steuernummer** (Diese bekommst du nach der Gründung vom Finanzamt mitgeteilt. Sie muss auf jeder Rechnung dargestellt sein. Alternativ kannst du deine Umsatzsteuer-Identifikationsnummer verwenden. Im steuerlichen Erfassungsbogen kannst du angeben, dass diese ebenfalls vergeben werden soll.)
- **Erbrachte Dienstleistung** (Aus der Rechnung muss ersichtlich werden, für was du diese Rechnung stellst. Zum Beispiel: *Erstellung von Social-Media-Beiträgen inklusive Grafiken.*)
- **Nettobetrag** (Das ist der Betrag ohne Mehrwertsteuer.)
- **Ausgewiesene Umsatzsteuerbetrag** (Das ist der entsprechende Mehrwertsteuersatz – zum Beispiel sieben oder 19 Prozent und als Betrag ausgewiesen.)
- **Bruttobetrag** (Das ist der Nettobetrag plus Mehrwertsteuerbetrag – beispielsweise werden bei 1.000 Euro netto plus 19 Prozent MwSt. (190 Euro) als Bruttobetrag 1.190 Euro angezeigt.)
- **Bankverbindung** (Damit dein Kunde auch weiß, wohin er sein Geld überweisen soll.)
- **Zahlungsziel** (Ich empfehle dir, das Zahlungsziel zu terminieren. Zum Beispiel: »Zahlbar bis zum 15.02.2024«. Somit ist es ein festgelegtes Datum und konkret. Setze also einen Termin fest, bis wann der Kunde gezahlt haben soll, und mahne konsequent, falls er das nicht pünktlich tun sollte. Ein für mich angemessener Zeitrahmen ist dafür eine Woche. Sollte es später zu Mahnverfahren kommen, bist du als Unternehmer in der Pflicht, gemahnt zu haben.)

4. Drei-Konten-Modell nutzen

In Deutschland sind Einzelunternehmer und Freiberufler nicht dazu verpflichtet, ein separates Firmenkonto zu führen. Theoretisch kannst du dein bestehendes Girokonto auf deine Rechnungen schreiben und deine Ausgaben ebenso darüber tätigen. Eine Kontonummer – ein Abwasch, oder? Besser nicht! Ich rate dir **dringend** dazu, dennoch ein Geschäftskonto zu eröffnen. Denn:

1. Damit kannst du deine geschäftlichen Finanzen einfacher verbuchen und hast insgesamt weniger Arbeit.
2. Wenn du Privates und Geschäftliches vermischst, wird es im Nachhinein oft schwierig, dich daran zu erinnern, was jetzt wozu gehörte.
3. Es ist ein Erfolgsfaktor für deine Selbstständigkeit, wenn du deine geschäftlichen Finanzen sortieren kannst und immer einen guten Überblick behältst.
4. Das Finanzamt geht es nichts an, was du im Supermarkt einkaufst oder was du deiner Mutter zum Geburtstag schenkst!

Für das geschäftliche Konto empfehle ich dir von Anfang an ein komplett neues Konto – dieses kannst du mit deiner Buchhaltungssoftware verknüpfen, beispielsweise *Lexoffice* (das schauen wir uns im Folgenden genauer an). So kannst du sicherstellen, dass keine Buchung verloren geht und alles sauber gebucht ist. Das Geschäftskonto kannst du natürlich bei einem Kreditinstitut deiner Wahl eröffnen – es gibt vielfältige Möglichkeiten und auch nachhaltige Modelle –, manche sind reine Online-Konten, andere nicht. Hier entscheidest du nach deinen Präferenzen.

Doch ich rate dir nicht nur, ein geschäftliches Konto zu eröffnen, sondern sogar noch ein weiteres Konto für deine Rücklagen!

Hierfür eignet sich ein Tagesgeldkonto. Wichtig ist, dass das Geld jederzeit verfügbar ist. Auf dieses Konto kann dem Finanzamt eine Einzugsermächtigung erteilt werden. Der Vorteil daran ist: Du vergisst keine Zahlung mehr – denn wenn du mal zu spät überweist, musst du schnell hohe Säumniszuschläge bezahlen. Um Rücklagen zu bilden, kannst du eine dieser beiden Varianten versuchen:

1. Übertrage jeweils zum Monatsende den Überhang auf das Rücklagenkonto.
2. Transferiere immer einen gewissen Prozentsatz deines Umsatzes, zum Beispiel 30 Prozent, auf dieses dritte Konto.

Zusatztipp: Der Gründungszuschuss und die Sozialversicherungsbeiträge gehören zum Privatkonto.

5. Buchhaltungssoftware nutzen!

Zur Rechnungserstellung empfehle ich dir, ein Buchhaltungstool zu nutzen. Ich bin beispielsweise begeisterte *Lexoffice*-Nutzerin und deshalb auch Kooperationspartnerin von *Lexoffice*. Aus diesem Grund darf ich dir das Online-Buchhaltungsprogramm für die ersten sechs Monate schenken.

Was bedeutet das konkret?

- Mit *Lexoffice* machst du deine rechtskonforme Buchhaltung ohne Steuerberater.
- Nur noch für den Jahresabschluss benötigst du gegebenenfalls einen Steuerberater und sparst somit viel Honorar.
- Die Software ist monatlich kündbar und bietet einfaches Handling: Im Handumdrehen hast du deine Buchhaltung erledigt und Zeit für schönere Dinge.
- Unter folgendem QR-Code habe ich für dich eine besondere Möglichkeit, das Programm zu nutzen:

Kapitel 5
Fördermöglichkeiten für Arbeitslose mit Gründungsideen

Sie wuchs in einer der gefährlichsten Gegenden der USA auf. Die Stadt Compton, in der Nähe von Los Angeles gelegen, kennen viele aus den Nachrichten, denn sie war bereits Schauplatz zahlreicher Bandenkriege und Morde. Nicht gerade ein Ort, an dem man einen künftigen Tennisprofi verorten würde. Doch Serena Williams (und ihre Schwester Venus) ließ sich weder von ihrer Herkunft noch von den damals noch vorherrschenden Stereotypen der traditionellen Sportarten abhalten, die damals eher elitären Country-Club-Mitgliedern vorbehalten waren. Bereits mit 14 Jahren stieg sie ins Profitennis ein und reifte zu einer der größten Tennisspielerinnen aller Zeiten heran.[39]

Du brauchst also nicht zwangsläufig ein großes finanzielles Polster, um deine Gründungsidee umzusetzen – und es ist auch kein Hindernis, wenn du aus der Arbeitslosigkeit heraus gründest. Eine großartige Gründungsidee sollte nicht am fehlenden Startkapital scheitern. Gerade, wenn du arbeitslos bist, warten wunderbare Fördermöglichkeiten auf dich – und selbst das unternehmerische Know-how kannst du dir durch geförderte Beratungsprogramme finanzieren lassen. Denn wer arbeitslos ist, hat die Möglichkeit, mit Unterstützung der *Agentur für Arbeit* seinen Traum zu verwirklichen! Dank Gründungszuschuss und Aktivierungsgutschein hast du als Arbeitsuchender nämlich die große Chance, Förderungen zu bekommen.

Allerdings kannst du lange darauf warten, dass jemand bei dir klingelt und dir die Fördermittel zur Existenzgründung präsentiert – geschweige denn, dass dir deine Sachbearbeiter bei der Arbeitsagentur

---

39 Vgl. https://www.derstandard.de/story/2000130058818/serena-williams; besucht am 04.06.2024.

erklären, wie du am besten an die umfangreichen Förderungen kommst oder welche es überhaupt gibt. Das wird nicht passieren. Deshalb sind die Informationen, die du auf den folgenden Seiten von mir erhältst, Gold wert!

Im Vergleich zu anderen Institutionen zeichnet sich die Förderung der *Agentur für Arbeit* durch den Umstand aus, dass bewilligte Mittel nicht zurückgezahlt werden müssen – ein deutlicher Unterschied zu beispielsweise geförderten KfW-Darlehen, die du samt Zinsen zurückzahlen musst.

Wenn dir aus deinem Angestelltenverhältnis gekündigt oder dein Arbeitsvertrag nicht verlängert wurde, stehen dir grundsätzlich drei Optionen für Förderungen seitens der *Agentur für Arbeit* zur Verfügung:

- **Das Gründercoaching**
- **Der Gründungszuschuss oder**
- **Die Verlängerung des Gründungszuschusses.**

Die Förderungen können auch beantragt werden, wenn du selbst oder auf ärztlichen Rat hin kündigst. Allerdings ist die Förderung nach der neuesten Gesetzeslage nicht mehr so leicht zu bekommen, wenn du selbst gekündigt hast. Das betrifft jedoch nicht die Kündigung auf Basis eines ärztlichen Rats.

Wenn du die Förderung erhältst, ist die *Agentur für Arbeit* ein wertvoller Partner auf deinem Weg zur Gründung – auch wenn das im Erstgespräch mit deinem Sachbearbeiter vielleicht nicht deutlich wird. Doch wenngleich zahlreiche Förderungen möglich sind, bedeutet das nicht, dass du sie in jedem Fall erhältst.

Es gibt dabei, ein paar Aspekte zu beachten; allen voran, dass die Förderung im Ermessen des Sachbearbeiters liegt, also dass es sich um *Kann-Leistungen* handelt, da du keinen Rechtsanspruch darauf hast. Daher ist es wichtig, dass du dich aktiv für die Förderung einsetzt. Die Antragsstellung selbst ist hingegen relativ unkompliziert und kann telefonisch oder persönlich erfolgen – oder per E-Mail mit einer Vorlage, die ich dir gerne zur Verfügung stelle. Schreib mir einfach eine Mail an *mail@monawiezoreck.de* und ich sende dir die aktuelle Version der Vorlage zu.

Aber was ist alles in diesen Fördermöglichkeiten enthalten und wie erhältst du diese? Das erkläre ich dir ganz genau auf den folgenden Seiten!

5.1 Gründungscoaching

Ein bedeutender Bestandteil dieser Fördermöglichkeiten ist das Gründercoaching. Dieses bietet eine umfassende und komfortable Vorbereitung, damit deine Selbstständigkeit erfolgreich wird und du den Gründungszuschuss beantragen kannst. Das Coaching ist deshalb wichtig, weil du damit die idealen Voraussetzungen mitbringst, um den Gründungszuschuss zu beantragen. Denn eine vorherige Begleitung erleichtert dir nicht nur die Erstellung des Business- und Finanz-Plans, sondern macht es dir auch einfacher, den Zuschuss zu erhalten.

Auf den Gründungszuschuss gehe ich im folgenden Kapitel näher ein, aber grundsätzlich bedeutet es, dass dich die *Agentur für Arbeit* bei einer Genehmigung sechs Monate lang finanziell unterstützt. Du erhältst dann zusätzlich zu dem Betrag, den du bereits als Arbeitslosengeld 1 bekommst, pauschal 300 Euro zusätzlich, damit du die Sozialversicherungsbeiträge stemmen kannst. Diesen Zuschuss kannst du ab dem ersten Tag der Gründung beantragen – ausschlaggebend ist hier der Tag der Gründung, nicht der Tag, an dem die Unterlagen eingereicht werden.

Die Wahrscheinlichkeit ist hoch, dass du den Zuschuss auch erhältst, wenn du vorher ein Gründercoaching absolviert hast. Ich habe über die Jahre viele Gründer auf dem Weg in die Selbstständigkeit begleitet, bei denen es, bis auf zwei Ausnahmen, nach dem Gründercoaching mit dem Gründungszuschuss immer geklappt. Denn im Coaching kannst du die nötigen Unterlagen zusammenstellen – also einen aussagekräftigen Business- und Finanz-Plan, eine fachkundige

Stellungnahme[40] und das Teilnahmezertifikat, mit dem du nachweist, dass du dich mit der Existenzgründung befasst hast. Diese umfangreichen Unterlagen und alles, was sonst noch im Coaching enthalten ist, sind aber nicht nur entscheidend, um den Gründungszuschuss beantragen zu können, sondern erleichtern dir den Weg zur Selbstständigkeit enorm.

5.1.1 Was beinhaltet das Gründercoaching?

Die *Agentur für Arbeit* fördert ein individuelles 1:1-Coaching mit insgesamt 192 Unterrichtseinheiten (plus 32 Unterrichtseinheiten, wenn du im gastronomischen Bereich gründest – Stand: 2024)[41] über einen Zeitraum von acht Wochen, aufgeteilt in sechs verschiedene Themengebiete (im gastronomischen Bereich gibt es zusätzlich noch einen weiteren) – unter anderem zum Business- und Finanz-Plan, zu rechtlichen Grundlagen, Marketing und Vertrieb sowie Selbstmanagement und weiteren Schritten nach der Gründung.

Mehr als hundert Zeitstunden 1:1-Begleitung durch hervorragend qualifizierte Coaches warten im Idealfall im Gründercoaching auf dich! Die Dozenten müssen diverse fachliche Nachweise erbringen, um coachen zu dürfen – es besteht ein hoher Anspruch an Qualität. Falls du in der Vergangenheit bereits in den Genuss eines Coachings gekommen bist, verstehst du sicherlich, was eine solch großzügige individuelle Begleitung bedeutet und wie wertvoll diese Förderung tatsächlich ist.

Doch nicht nur bezüglich des Zeitumfangs ist das Gründercoaching unendlich wertvoll, sondern auch, weil es sämtliche Bereiche der Gründung abdeckt, die für eine gründliche Vorbereitung notwendig sind. Denn statistisch gesehen scheitern viele Gründungen auch aufgrund mangelnder Vorbereitung – beispielsweise des Marketings,

---

40 Seit Herbst 2023 bekommst du von meinem Coaching *Planbar Gründen* sogar eine fachkundige Stellungnahme, wenn du mindestens 40 Unterrichtseinheiten im Rahmen des Gründercoachings bei uns absolvierst.

41 Jedoch gilt das nur für unsere Zertifizierung. Andere Bildungsträger haben andere Umfänge zertifiziert.

oder weil Gründer unklare Vorstellungen davon haben, was bürokratisch und buchhalterisch auf sie zukommt.[42] Dies spiegelt sich in Gesprächen mit Unternehmern wider, die nach einem oder zwei Jahren Selbstständigkeit mit Problemen konfrontiert sind. In den meisten Fällen stelle ich dann fest, dass die Gründung nicht sorgfältig vorbereitet wurde. Es ist im Grunde immer das Gleiche: Entweder werden sie von Nachzahlungen an das Finanzamt oder die Krankenkasse überrascht, oder sie finden keine Kunden, weil sie kein gutes Marketing machen. Auch wenn dir der folgende Satz an dieser Stelle im Buch bereits zu den Ohren herauskommt: Der Business-Plan und die damit verbundene gewissenhafte Vorbereitung sind essenziell, um dich gut auf deine Gründung auszurichten. Wie du mittlerweile weißt, ist sie auch kein Hexenwerk und außerdem Teil des Gründercoachings.

Darüber hinaus eignet sich das Gründercoaching für die ganzen blinden Flecken, die dir beim Schreiben des Business-Plans allein in deinem Kämmerchen eher nicht auffallen würden oder die du vielleicht sogar ignorierst. Im Coaching identifizieren wir diese Blindspots und bearbeiten **alle** relevanten Felder und Themen, damit du dein Business von Anfang an erfolgreich gestalten kannst. Mein Team und ich haben bei unseren Coachees dabei stets den Anspruch, dass sie nicht nur mit dem nötigen Werkzeug im Gepäck gründen, sondern langfristig Freude an ihrem Business haben.

Folgende Module sind beispielsweise in dem Gründercoaching enthalten, das ich mit meinem zertifizierten Unternehmen anbiete – dabei werden alle Inhalte individuell auf die Gründerperson abgestimmt.

42 Triebel, C. und C. Schikora (2016). Scheitern bei Unternehmensgründungen. In: Kunert, S. (Hrsg.) Failure Management. Ursachen und Folgen des Scheiterns, Springer Gabler Verlag, Heidelberg, Seite 235 bis 248.

Modul 1: Eignungsfeststellung und Unternehmerpersönlichkeit
Damit du optimal auf deine Gründung vorbereitet bist, gehen wir alle Punkte gemeinsam durch, die sich auf deine Gründerpersönlichkeit beziehen. Das heißt, wir schauen, wo deine Stärken liegen und wo sich vielleicht noch Schwächen zeigen, und bieten dir maßgeschneiderte Handlungsempfehlungen. In diesem Modul wird ebenso behandelt, welche wirkliche Motivation in dir steckt und wir schauen uns dein *Warum* an. Schaffst du es, das Business nicht nur zu gründen, sondern kannst du dir deine Motivation langfristig erhalten? Und was brauchst du, um motiviert zu bleiben? Hier arbeiten wir zum Beispiel mit dem *Reiss Motivation Profile*®.

Folgende Inhalte sind in Modul 1 enthalten:

- Du erhältst einen Überblick über die Inhalte des Coachings und wir stimmen gemeinsam die individuellen Inhalte ab.
- Wir analysieren deine Stärken und Schwächen in Bezug auf deine Business-Idee und deine Gründerpersönlichkeit.
- Wir erarbeiten gemeinsam deine Vision und Mission.
- Wir prüfen deine Geschäftsidee und geben dir eine professionelle Einschätzung über die Tragfähigkeit deiner geplanten Gründung.

Modul 2: Konzeptoptimierung, Business-Plan (inklusive Finanzplanung und fachkundiger Stellungnahme)
In diesem Teil des Coachings gehen wir noch einmal genauer darauf ein, wofür du überhaupt einen Business-Plan brauchst, und finalisieren dein Geschäftsmodell. Darüber hinaus erstellst du im Rahmen dieses Moduls und unter fachlicher Begleitung Schritt für Schritt den Bauplan für dein Gründungsvorhaben und die darauf abgestimmten Finanzplanung. Im Anschluss daran prüfen wir dein Dokument und du bekommst eine fachkundige Stellungnahme, die dir bescheinigt, dass dein Gründungsvorhaben tragfähig und der Business-Plan inklusive Finanzplanung schlüssig und belastbar sind. Konkret sind folgende Inhalte in Modul 2 enthalten:

- Wir prüfen dein Geschäftskonzept auf Herz und Nieren.
- Du erstellst im Rahmen des Coachings deinen Business- und Finanz-Plan (inklusive Kostenplanung, Unternehmerlohn, Investitions- und Kapitalbedarf, Umsatzplanung, Rentabilitätsvorschau und Liquiditätsplan).
- Du erhältst eine fachkundige Stellungnahme für dein Gründungsvorhaben.

In meinen Gründercoachings gebe ich alles, um mit meinen Kunden nicht nur den Finanz-Plan aufzustellen, sondern ihnen so viel Hintergrundinformationen wie möglich zu geben, sodass sie einen solchen Plan künftig selbst erstellen können. Denn wenn sie irgendwann selbstständig sind, kann es immer mal wieder vorkommen, dass sie selbst einen solchen Finanz-Plan aufstellen wollen.

Deshalb fülle ich mit ihnen nicht einfach nur irgendwelche Excel-Tabellen mit Zahlen aus, sondern erkläre ihnen, wie die Tabellen funktionieren und voneinander abhängen. Selbstverständlich schaue ich dennoch genau darauf, welche finanziellen Verpflichtungen meine Kunden mit Gründungsvorhaben mitbringen und wie sie darauf achten können, ihren Cashflow zu erhalten. Ich schaue mir gemeinsam mit ihnen an, welche Anschaffungen sinnvoll sind, wo laufende Kosten auftauchen, welche Mitgliedschaften rechtlich zwingend sind oder eben nicht und so weiter. Ich verstehe mich hier als Sparringspartner an der Seite meiner Coachees. Abschließend finden wir gemeinsam heraus, ob das, was der Kunde mit dieser Selbstständigkeit verdienen wird, auch zu dem passt, was er für seinen Lebensunterhalt benötigt.

Modul 3: Rechtliche und steuerliche Grundlagen, Versicherungen, Buchführung, Kalkulation, Krisenmanagement und Risikoanalyse

In diesem Modul erwirbst du das Fachwissen, das du benötigst, um dein Business auf sichere Beine zu stellen. Wir kümmern uns darin um alles, was du rund um Versicherungs-, Rechts- und Steuerfragen wissen musst. Außerdem lernst du, welche Rechtsform die richtige Wahl für dich ist, wie die unterschiedlichen Rechtsformen funktionieren und welche spezifischen Anforderungen und Vor- sowie Nachteile sie haben. Also all das, was ich in diesem Buch nur anreißen konnte.

Darüber hinaus lernst du, wie eine Buchführung funktioniert: Hier setzen wir uns intensiv mit den theoretischen und praktischen Grundlagen deiner Finanzführung und Kalkulation auseinander – selbstverständlich unter Berücksichtigung aller rechtlichen Vorschriften. Du lernst nicht nur, wie du deine Angebotspreise kalkulierst, ordnungsgemäße Rechnungen schreibst und betriebswirtschaftliche Kennzahlen nutzt, sondern auch, wie du DSGVO-konform arbeitest – also die EU-Datenschutz-Grundverordnung beachtest. Konkret bedeutet das, dass wir dir alle erforderlichen Aspekte des Datenschutzes erklären und dir zeigen, wie du sie in deine

Unternehmensplanung integrieren kannst. Außerdem unterstützen wir dich dabei, zusätzliche Fördermöglichkeiten für dein Gründungsvorhaben zu identifizieren und auszuarbeiten. Wir geben dir wichtige Werkzeuge an die Hand, mit denen du auch in schwierigen Zeiten jede Krisensituation meistern kannst. Alle Inhalte findest du hier auf einen Blick zusammengefasst:

- Wir helfen dir bei deinem rechtssicheren Außenauftritt.
- Du erlangst Kenntnisse rund um die Rechtsformen und weißt anschließend, welche für dich am besten geeignet ist.
- Du bekommst einen Überblick über die wichtigsten Versicherungen im Rahmen der Unternehmenstätigkeit.
- Wir klären alle relevanten Fragen rund um deine soziale Absicherung (Krankenversicherung, Arbeitslosenversicherung, Rentenversicherung).
- Du erlernst steuerliche Grundlagen und Besonderheiten (unter anderem zur Gewerbesteuer, Umsatzsteuer, Abgabenordnung und Einkommenssteuer).
- Wir zeigen dir, wie du eine EU-konforme Datenschutzstruktur für dein Business aufbaust.
- Du lernst das Rechnungswesen, die Buchführung sowie die Einnahmenüberschussrechnung (EÜR), Abschreibungen, Kassenbuchführung und Preiskalkulation kennen.

- Wir machen dich fit für eventuelle Krisen.
- Du bekommst einen Fördermittelcheck.
- Gegebenenfalls zeigen wir dir weitere Möglichkeiten der Unternehmensfinanzierung und bieten dir Unterstützung bei der Vorbereitung auf wichtige Bankgespräche.

Modul 4: (Online- und Offline-)Marketing, digitale Geschäftsmodelle und Website
In den vorangegangenen Kapiteln habe ich dir ausführlich erklärt, wie wichtig ein rundes Marketingkonzept für deine Geschäftsidee ist und dass es gar nicht so leicht ist, dieses allein zu erarbeiten. Aus diesem Grund kümmern wir uns in Modul 4 um das Marketingkonzept für dein Business.

Du erhältst eine Einführung in die Grundlagen der Marktbearbeitung, damit du deine Produkte oder Dienstleistungen optimal verkaufen kannst. Dazu gehört natürlich auch das Online-Marketing, das mittlerweile eine eigene Wissenschaft für sich darstellt. Doch mit unserem Fachwissen manövrierst du dich sicher durch alles, was es dabei zu beachten gilt. Wir zeigen dir, was du bei deiner Website beachten musst, welche sozialen Netzwerke aktuell relevant sind und wie du sie für dich und dein Business nutzen kannst, um Neukunden zu akquirieren.

All das ist in Modul 4 enthalten:

- Wir planen deinen persönlichen Marketing-Mix und deine Marktanalyse.
- Gemeinsam identifizieren wir geeignete Marketingkanäle für dich (online und offline).
- Wir schauen uns deine Zielgruppe genau an und eruieren ihren Bedarf.
- Du lernst die Grundlagen des Vertriebs, inklusive Vertriebsplanung und -controlling.
- Wir erläutern dir die Möglichkeiten des Online-Marketings und du bekommst einen Überblick über alle sinnvollen digitalen Maßnahmen und Kanäle.

- Wir erarbeiten gemeinsam eine sinnvolle Struktur und die Inhalte deiner Website.
- Du legst relevante Business-Profile an.
- Du lernst, wie du digitale Produkte im Netz vermarkten kannst.

Modul 5: Besonderheiten des Gastgewerbes

Dieses Modul richtet sich speziell an Gründer, die sich im Gastrobereich selbstständig machen wollen. Da hierfür weitere Bausteine nötig sind, damit aus der Gründungsidee ein tragfähiges Unternehmenskonzept wird, gehen wir gemeinsam Schritt für Schritt durch den Gründungsprozess im Bereich der Gastronomie und Hotellerie.

Du erfährst, welche besonderen Anforderungen in diesem Bereich wichtig sind; und wir erarbeiten beispielsweise rechtliche Herausforderungen oder Speisekarten-Kalkulationen. Natürlich zeigen wir auch auf, welche branchenspezifischen Möglichkeiten der Digitalisierung in diesem Bereich auf dich zukommen oder dir das Leben erleichtern könnten. Hier die Inhalte im Überblick:

- Besonderheiten und Rechtsvorschriften der Gastronomie/Hotellerie,
- Speisekarten-Kalkulation,
- Möglichkeiten der Digitalisierung in diesem Bereich,
- Besonderheiten des Saisongeschäfts und
- Merkmale der Finanzplanung in der Gastronomie und Hotellerie.

Modul 6: Unternehmerpersönlichkeit, Selbstmanagement, Unternehmensführung und weitere Schritte nach der Gründung

Das Ziel dieses Moduls ist es, dich optimal auf deinen Alltag als Unternehmer vorzubereiten und dir effektive Zeit- und Projektmanagementwerkzeuge an die Hand zu geben. Damit wirst du künftig in der Lage sein, deine Projekte optimal zu planen und Deadlines einzuhalten. Wir bereiten dich außerdem auf sicheres Auftreten im Geschäftsalltag vor, damit du erfolgreich aus Verhandlungssituationen mit Kunden und Lieferanten herausgehst.

Solltest du später mit Dienstleistern oder gar Mitarbeitern arbeiten, bekommst du in diesem Modul die Grundlagen der erfolgreichen

Personalführung und -entwicklung von uns mit. Darüber hinaus werden wir die weiteren Meilensteine deiner Gründung in Form einer Roadmap festhalten, damit du weißt, welche Schritte nach dem Coaching folgen sollten. All das ist in Modul 6 enthalten:

- Wir geben dir Zeitmanagement-Werkzeuge an die Hand – unter anderem das Pareto-Prinzip[43].
- Du lernst Verhandlungsstrategien für erfolgreiches und selbstsicheres Auftreten.
- Du lernst die Grundlagen einer guten Mitarbeiterführung kennen.
- Wir erarbeiten eine Roadmap für die nächsten zwölf Monate deiner Gründung.

Modul 7: Besonderheiten der Gründung im Online-Business

Dieses Modul ist besonders für Coaches, Trainer, Virtuelle Assistenten, Online-Shop-Betreiber, Affiliate-Marketer, Network-Marketer, Social-Media- und Webagenturen spannend, die eine Gründung im Online-Business anpeilen. Das Thema ist im Rahmen dieses Buches immer wieder angeklungen und du hast vermutlich schon ein Gefühl dafür entwickelt, dass es auf dem Weg zum erfolgreichen digitalen Unternehmen einige Fallstricke zu beachten gilt.

Denn so leicht, wie uns das die Million-Dollar-Coaches in der *YouTube*-Anzeige verklickern wollen, ist das meistens nicht. Ziel des Moduls ist es deshalb, dir zu zeigen, welche Bausteine nötig sind, damit du ein schlüssiges digitales Unternehmenskonzept erarbeitest. Des Weiteren bieten wir dir einen Gesamtüberblick über die Besonderheiten des Gründungsprozesses in diesem Bereich.

43 Das Pareto-Prinzip, auch bekannt als das 80/20-Prinzip, besagt, dass etwa 80 Prozent der Ergebnisse aus etwa 20 Prozent des Einsatzes resultieren. Diese Regel findet in vielen Bereichen Anwendung, von Wirtschaft und Management bis hin zur persönlichen Produktivität. Vgl. auch: Hartmann, A. C. (2020). PARETO PRINZIP, Maximaler Erfolg mit minimalem Aufwand, Red Duck Verlag.

Folgende Inhalte sind in Modul 7 enthalten:

- Digitale Transformation und deren Auswirkungen auf die Arbeitswelt,
- Digitale Werkzeuge im Alltag,
- Chancen und Risiken der digitalen Gründung,
- Reelle Möglichkeiten, um passives Einkommen zu generieren,
- Besonderheiten der Gründung als Virtuelle Assistenz, Coach, Trainer oder Berater,
- Besonderheiten der Gründung eines Online-Shops sowie
- Möglichkeiten des Upsellings (eine Verkaufstechnik, bei der ein Verkäufer einem Kunden ein teureres Produkt oder eine erweiterte Version eines Produkts vorschlägt, als das, was der Kunde ursprünglich in Betracht gezogen hat).

Jetzt hast du einen umfangreichen Eindruck bekommen, was alles in einem Gründercoaching enthalten ist. Die *Agentur für Arbeit* behält sich in der Regel vor, aufgrund deiner Vorkenntnisse und Bedürfnisse zu entscheiden, welche Module sie für dich tatsächlich für relevant hält und bewilligen wird. Damit sind wir nun bei einer wichtigen Frage angelangt:

5.1.2 Wie komme ich an das Gründercoaching?

Das Gründercoaching kann starten, sobald du den **Aktivierungs- und Vermittlungsgutschein (AVGS)** hast. Dank des Aktivierungsgutscheins können Maßnahmen gefördert beziehungsweise bezahlt werden, sodass du aus der Arbeitslosigkeit gründen kannst.

Hierzu gehören Bildungsmaßnahmen wie Weiterbildungen oder auch das Gründercoaching. Den AVGS bekommst du, wenn du im Arbeitslosengeldbezug bist, egal, ob ALG 1 oder ALG 2 (Bürgergeld), und dich bei der Agentur gemeldet hast. Selbst wenn du noch nicht von Arbeitslosigkeit bedroht bist (zum Beispiel bei einem befristeten Arbeitsvertrag, Plänen zum Stellenabbau in deiner Firma oder eine finanzielle Schieflage deines Unternehmens), ist es unter bestimmten Umständen möglich, den Gutschein zu erhalten, etwa bei akuter Arbeitslosigkeitsgefahr. Deshalb geht es in einem ersten Schritt darum:

1. Die Voraussetzungen prüfen

Im Grunde kann jeder Arbeitslose den Aktivierungs- und Vermittlungsgutschein beantragen. Am wahrscheinlichsten ist eine Bewilligung, wenn du bereits im Arbeitslosengeldbezug bist. Es ist aber auch möglich, einen Aktivierungs- und Vermittlungsgutschein zu erhalten, wenn du formal von Arbeitslosigkeit bedroht bist.

Das ist zum Beispiel dann der Fall, wenn dein Arbeitgeber finanzielle Schwierigkeiten hat, dein Arbeitsvertrag befristet ist oder du nach der Elternzeit eine Vollzeitstelle aufgebrummt bekommst, die du nicht annehmen möchtest. Wie lange du schon arbeitssuchend bist, spielt keine Rolle. Sowohl die *Agentur für Arbeit* als auch das Jobcenter können Aktivierungs- und Vermittlungsgutscheine ausstellen.

Am besten beantragst du den AVGS bei deinem zuständigen Sachbearbeiter der *Agentur für Arbeit*. Dort kannst du dich auch über die Bedingungen beraten lassen. Um den AVGS zu beantragen, musst du nicht unbedingt persönlich bei der *Agentur für Arbeit* vorsprechen. Du kannst ihn auch schriftlich oder telefonisch beantragen und erhältst ihn dann bei einem positiven Bescheid per E-Mail oder Post zugesandt. Dennoch empfehle ich immer, den Arbeitsvermittler bei der *Agentur für Arbeit* zuerst mündlich um den Aktivierungs- und Vermittlungsgutschein für dein Gründercoaching zu bitten, um die persönliche Situation zu erläutern. Versteht der Vermittler dein Vorgehen, ist die Chance höher, dass du den Gutschein bekommst. Doch wie auch immer du vorgehst, am erfolgversprechendsten ist es, wenn du den Gutschein aktiv beantragst.[44]

2. Beratungsgespräch

Vereinbare einen Termin mit deinem Arbeitsvermittler und bereite dich vorab auf Fragen zu deiner Geschäftsidee vor. Im Gespräch

---

44 Vgl. https://www.arbeitsagentur.de/arbeitslos-arbeit-finden/aktivierungs-vermittlungsgutschein-avgs; besucht am 04.06.2024.

erklärst du dann, dass du dich selbstständig machen und für die optimale Vorbereitung ein Gründercoaching absolvieren möchtest.

Falls du aktuell von Arbeitslosigkeit bedroht oder noch nicht im Arbeitslosengeldbezug bist, dann mach dir schon mal ein paar Notizen für deinen ersten Termin bei der *Agentur für Arbeit* und notiere dir den Termin im Kalender.

3. Absichten zur Selbstständigkeit erklären

Erzähle deinem Sachbearbeiter von deinem Plan, deine Arbeitslosigkeit durch eine geplante Gründung zu beenden. Sei offen und ehrlich und lass dich nicht von dem abhalten, was du im Internet rund um die Beantragung des AVGS findest. Es passiert leider immer wieder, dass Menschen davon berichten, ihr Sachbearbeiter hätte sie im Telefongespräch von ihrer Gründung abbringen wollen oder ihnen gar erklärt, sie hätten keine Chance, das Gründercoaching oder den Gründungszuschuss zu erhalten.

Das kommt vor, deshalb **mein Tipp:** Bleibe im Gespräch (und auch sonst) stets freundlich und kommuniziere offen und transparent mit der Arbeitsagentur über deinen Plan zu gründen. Indem du dein Vorhaben erklärst und offen über deinen Traum von der Selbstständigkeit sprichst, beweist du dem Sachbearbeiter dein Engagement und den Willen, deine Gründung zu meistern.

Es ist ohnehin sinnlos, das Ziel der Selbstständigkeit zu verschweigen, wenn du nicht zurück in ein Angestelltenverhältnis möchtest. Denn sonst erhältst du Vermittlungsvorschläge, die du verpflichtet bist, wahrzunehmen oder mit einer begründeten Argumentation abzulehnen. Deshalb: Bleibe besser stets offen in deiner Kommunikation.

4. Aktivierungs- und Vermittlungsgutschein (AVGS) beantragen

Um den Aktivierungs- und Vermittlungsgutschein zu beantragen, schreibst du einfach eine E-Mail oder einen Brief an deinen Sachbearbeiter der *Agentur für Arbeit.* Gerne stelle ich dir auf Anfrage eine Word-Vorlage zur Verfügung – die packst du in ein postalisches

Anschreiben und füllst sie mit deinen persönlichen Daten und der Adresse der Agentur aus.

Mit dieser Vorlage wird es einfacher, das Gründercoaching zu beantragen und die Agentur wird eher geneigt sein, es zu bewilligen, wenn klar ist, was du benötigst. Schreib mir einfach eine Mail an *mail@monawiezoreck.de* und ich sende dir gerne die aktuelle Version der Vorlage zu.

5.1.3 Habe ich einen Anspruch auf den AVGS?

Nein. Leider liegt es im Ermessen des jeweiligen Arbeitsvermittlers, ob er dir den Aktivierungs- und Vermittlungsgutschein gewährt. Daher solltest du mit der Möglichkeit einer Absage rechnen. Doch selbst wenn das passieren sollte: Lass dich nicht einschüchtern oder abwimmeln – es ist wichtig, dass du das Coaching bekommst.

Du kannst deine Anfrage nochmal schriftlich stellen – meiner Erfahrung nach wird der Aktivierungsgutschein im zweiten Anlauf häufig doch genehmigt. Sollte er tatsächlich abgelehnt werden, kannst du nach einem **schriftlichen Ablehnungsbescheid verlangen**. Der Widerspruch sollte dann mit Unterstützung eines Rechtsanwalts formuliert werden. Jedoch liegt der Widerspruch meistens so lange auf dem Stapel des jeweiligen Sachbearbeiters, bis die Frist für den Gründungszuschuss abgelaufen ist. Sollte der Aktivierungsgutschein (und damit das Gründercoaching) dennoch abgelehnt werden, habe ich den Online-Kurs *Mit Plan zum Gründungszuschuss* entwickelt, mit dem du die Unterlagen für den Gründungszuschuss in der erforderlichen Qualität trotzdem erstellen kannst. Schreibe mir einfach eine E-Mail, falls es nicht klappt – ich bin mir sicher, dass mein Team und ich noch eine Idee in petto haben!

5.1.4 Bei wem kann ich das Gründercoaching absolvieren?

Das Gründercoaching kannst du bei einem Bildungsträger absolvieren, der entsprechende – von der *Agentur für Arbeit* zertifizierte – Maßnahmen durchführen darf. Ich bin selbst Teil eines solchen zertifizierten Bildungsträgers und arbeite mit einem großen Team an qualifizierten Fachkräften zusammen, die als Trainer für diese spezielle Weiterbildung ausgebildet wurden.

Sobald du den Aktivierungs- und Vermittlungsgutschein erhalten hast, kannst du ihn an uns weiterleiten. Mein Team und ich prüfen dann, welche Module (und welchen Umfang) die *Agentur für Arbeit* bewilligt hat – und dann kann das Coaching etwa zehn bis 14 Tage später remote und bequem von zuhause starten.

5.1.5 Was sollte ich sonst noch wissen?

Hier findest du eine übersichtliche Liste aller Punkte, die du für die Antragstellung und rund um das Gründercoaching außerdem wissen solltest:

1. **Kann ich das Gründercoaching auch beantragen, wenn ich im Nebenerwerb gründen möchte – zum Beispiel als bereits gemeldete Heilpraktikerin?** Ja, das Gründercoaching kannst du (im Gegensatz zum Gründungszuschuss) auch im Nebenerwerb beantragen. Es ist sogar wichtig, dass es vorerst ein Nebenerwerb ist, da sonst kein Arbeitslosengeld bezogen werden kann.
2. **Kann ich das Gründercoaching beantragen, selbst wenn ich nicht mehr die vollen 150 Tage Arbeitslosengeldanspruch habe?** Ja, du kannst das Gründercoaching (im Gegensatz zum Gründungszuschuss) beantragen, auch wenn die 150 Tage ALG 1 bereits aufgebraucht sind. Im Idealfall sollte das Gründercoaching vor Ablauf dieser Zeitspanne durchgeführt werden, um Störungen seitens der Arbeitsagentur vorzubeugen.
3. Es ist möglich, das **Gründercoaching auch nach einer bereits absolvierten Fortbildungsmaßnahme** zu erhalten. Hierbei ist jedoch zu beachten, dass ein Bildungsgutschein oft darauf abzielt, in ein sozialversicherungspflichtiges Anstellungsverhältnis zu führen und somit die Gefahr besteht, die Förderung in die Selbstständigkeit nicht mehr zu bekommen.

5.1.6 Hilfe, ich bekomme keinen AVGS! Was nun?

Es gibt viele Arbeitslose mit Gründerideen, die Angst davor haben, als Kunde der *Agentur für Arbeit* keine Förderung zu erhalten. Die Entscheidung darüber, ob du den AVGS (und damit das Gründercoaching) bekommst, liegt wie bereits betont bei deinem Sachbearbeiter. Das heißt, es liegt in seinem Ermessen, ob und, wenn ja, wie viele Stunden Coaching er dir bewilligt. Natürlich bist du deshalb ein Stück weit abhängig davon, was er bewilligt. Du solltest deshalb am besten vorher darüber entscheiden, ob du dich unabhängig davon selbstständig machen möchtest. Nur in Abhängigkeit von der *Agentur für Arbeit* zu gründen, ist langfristig keine gute Basis und auch kein gutes Mindset.

In einigen Fällen wird nicht der volle Umfang von aktuell knapp 200 Unterrichtseinheiten bewilligt, sondern nur ein Teil davon. In diesem Fall solltest du erst mal das freundliche Gespräch mit deinem Arbeitsvermittler suchen und mit ihm besprechen, ob möglicherweise weitere Coaching-Stunden aufgestockt werden könnten – natürlich musst du dies entsprechend sachlich begründen können.

Wenn es beim reduzierten Stundenumfang bleibt, passe ich mein Gründercoaching an deine Bedürfnisse und den Umfang des bewilligten Zeitrahmens an. Vorrang hat immer der Business- und Finanz-Plan, denn dieser ist wiederum die wichtigste Voraussetzung für den guten Start in deine Selbstständigkeit und die Beantragung des Gründungszuschusses.

Solltest du im Anschluss an das Gründercoaching feststellen, dass für den Aufbau einer tragfähigen Gründung weitere Coachingeinheiten sinnvoll wären, kann der entsprechende Bildungsträger eine Empfehlung an die *Agentur für Arbeit* verfassen. Wenn du nur einen begrenzten Gründungszuschuss bekommst – oder gar keinen –, solltest du dich fragen, wie wichtig dir die Vorbereitung auf die Selbstständigkeit tatsächlich ist. Wie wichtig ist es dir, so gut vorbereitet zu sein, dass dein Business von Anfang an gut funktioniert und du im rechtlichen, finanziellen und Marketingbereich gut aufgestellt bist? Wenn du trotzdem keine Förderung der *Agentur für Arbeit* bekommst, dann hast du immer noch die Möglichkeit, als Selbstzahler in mein Gruppencoaching zu springen.

Doch egal, ob mit AVGS oder ohne: Im Gründercoaching bekommst du nicht nur alles, was du für deinen erfolgreichen Business-Start benötigst, sondern schreibst auch deinen Business- und Finanz-Plan.

Solltest du die Möglichkeit haben, einen Gründungszuschuss zu beantragen, dann schau dir unbedingt das nächste Kapitel an, denn darin erfährst du alles, **was es beim Gründungszuschuss zu beachten gilt! Du erfährst, welche Voraussetzungen bestehen, was er beinhaltet und wie du ihn beantragen kannst.**

5.2 Gründungszuschuss

Der Gründungszuschuss ist eine finanzielle Unterstützung der *Agentur für Arbeit*, die dazu dient, den Lebensunterhalt in der Anfangsphase der Selbstständigkeit abzusichern. Der Gründungszuschuss ist im Sozialgesetzbuch geregelt und eine sogenannte staatliche Transferleistung für Arbeitslose mit Gründungsplänen.

Mit dem Gründungszuschuss erhalten Gründer eine monatliche finanzielle Unterstützung, die ihnen ermöglicht, ihre Geschäftsidee umzusetzen und ersten Schritte in die Selbstständigkeit zu gehen. Denn der Gründungszuschuss mildert finanzielle Risiken und Unsicherheiten ab, sodass sich Gründer voll auf den Aufbau ihres Unternehmens konzentrieren können. Mit dem Gründungszuschuss erhalten angehende Selbstständige nicht nur eine finanzielle Absicherung, sondern auch eine Anerkennung ihres unternehmerischen Potenzials.[45] Diese umfangreiche Förderung musst du später nicht zurückzahlen! Der Gründungszuschuss ist also eine großartige Sache und gleichzeitig eine der größten Förderungen in Deutschland für angehende Gründer.

---

45 Vgl. https://www.arbeitsagentur.de/arbeitslos-arbeit-finden/arbeitslosengeld/gruendungszuschuss-beantragen; besucht am 04.06.2024.

5.2.1 Wie wird der Gründungszuschuss berechnet?

Die Formel habe ich bereits erwähnt – hier nochmal für dich, damit du sie schnellstmöglich findest: **Die Höhe des Gründungszuschusses richtet sich nach deinem letzten Arbeitslosengeldanspruch plus 300 Euro als Zuschuss für deine Sozialversicherung.**

5.2.2 Für welchen Zeitraum wird der Gründungszuschuss ausgezahlt?

Nach der erfolgreichen Antragstellung bekommst du sechs Monate lang den Gründungszuschuss in der zuvor genannten Höhe ausgezahlt.

Anschließend kannst du einen Antrag stellen und weitere neun Monate Förderung in Höhe von 300 Euro pro Monat erhalten. Auf die Verlängerung des Gründungszuschusses gehe ich im nächsten Kapitel genauer ein – hier soll es erst einmal um die umfangreiche sechsmonatige Förderung gehen.

5.2.3 Wer kann den Gründungszuschuss beantragen?

Um diese umfangreiche Förderung zu erhalten, gibt es einige Voraussetzungen, die laut Sozialgesetzbuch (Stand: 2024) erfüllt sein müssen. Konkret steht dort:

»Förderfähig sind Arbeitnehmerinnen und Arbeitnehmer, die Arbeitslosengeld beziehen und durch die Aufnahme der selbstständigen Tätigkeit die Arbeitslosigkeit beenden. Die Arbeitnehmereigenschaft liegt bei allen Bezieherinnen und Beziehern von Arbeitslosengeld vor und muss daher nicht geprüft werden. Menschen mit Behinderungen können auch dann gefördert werden, wenn sie nicht arbeitslos sind und kein Arbeitslosengeld beziehen (§ 116 Abs. 1 und 7 SGB III, siehe auch FW 93.42).«[46]

46 https://www.arbeitsagentur.de/datei/dok_ba024940.pdf; besucht am 14.02.2024.

Nachfolgend habe ich dir eine Liste zusammengestellt, anhand derer du schnell sehen kannst, ob du **grundsätzlich förderfähig** bist:

1. Du musst bei der Antragstellung arbeitslos gemeldet sein und bereits mindestens einen Tag **Arbeitslosengeld (ALG 1)** beziehen. Unter Umständen wird ein Antrag auch bewilligt, wenn du Leistungen nach SGB III beziehst.
2. Außerdem musst du zum Zeitpunkt der Antragstellung noch **mindestens 150 Tage Restanspruch auf ALG 1** haben. Dieser Restanspruch wird rückwirkend berechnet und das Gründungsdatum muss entsprechend festgelegt werden. Es ist wichtig, diese Tage genau zu kalkulieren, da du schon bei einem Tag Differenz (also ab 149 Tagen oder weniger) keine Chance mehr auf den Gründungszuschuss hast.
3. Du darfst das **Renteneintrittsalter** (aktuell 65 Jahre) noch nicht erreicht haben.
4. Die Selbstständigkeit muss **ab diesem Zeitpunkt im Haupterwerb** ausgeführt werden.

5.2.4 Wer kann den Gründungszuschuss NICHT beantragen?

Einige Punkte erschließen sich aus dem, was ich zuvor bereits aufgelistet habe. Hier aber nochmal in der Übersicht:

1. **Menschen, die Bürgergeld beziehen** (also kein ALG 1). Wenn das auf dich zutrifft, hast du dennoch die Möglichkeit, das sogenannte **Einstiegsgeld** (ESG) zu beantragen, um deine Gründung fördern zu lassen. Im Gegensatz zum Gründungszuschuss ist Arbeitslosigkeit keine Voraussetzung für eine Förderung durch das ESG. Du musst lediglich »erwerbsfähig« und »leistungsberechtigt« nach §7 SGB II sein. Das ESG kann also auch unmittelbar im Anschluss an eine Eingliederungsmaßnahme oder an die Elternzeit erfolgen. Das Einstiegsgeld ist an bestimmte Bedingungen geknüpft.
2. **Menschen, die in den 24 Monaten davor bereits einen Gründungszuschuss erhalten haben.** Wegen »besonderer in der Person des Arbeitnehmers liegender Gründe« kann gem. § 93 Abs.

4 SGB III aber von der 24-monatigen Frist abgewichen werden. Auch das liegt im Ermessen deines Arbeitsvermittlers – es ist deshalb immer empfehlenswert, wenn du einen regen Kontakt zu deinem Sachbearbeiter pflegst.

3. Personen, die die sogenannte **Regelaltersgrenze für den Bezug von Altersrente erreicht** haben – aktuell 65 Jahre – können leider keinen Gründungszuschuss beantragen.

5.2.5 Was genau fördert der Gründungszuschuss?

Folgende Voraussetzungen müssen erfüllt sein, damit die *Agentur für Arbeit* deine Gründung fördert:

1. **Eine hauptberufliche selbstständige** Tätigkeit.
2. Dein **Unternehmenskonzept** ist erfolgversprechend und tragfähig (das beweist du mit einem wasserdichten Business- und Finanz-Plan, den du idealerweise im Gründercoaching erarbeitet hast).
3. Du bist ein **Gründertyp** und erfüllst die erforderlichen persönlichen sowie fachlichen Eignungen, die für diese Selbstständigkeit notwendig sind (wenn du dir nicht sicher bist, dann schau dazu noch einmal im zweiten und dritten Kapitel – oder kontaktiere mich).
4. Du widmest dich **mit vollem Engagement dem Erfolg des Unternehmens!**

5.2.6 Weitere wichtige Informationen rund um den Gründungszuschuss

Es gibt ein paar Aspekte, die häufig übersehen werden, die du aber unbedingt wissen solltest:

1. Du musst deine selbstständige Tätigkeit **hauptberuflich** ausüben, denn wird »… die selbstständige Tätigkeit neben einer oder mehreren weiteren Tätigkeiten als untergeordneter Zusatz- oder Nebenerwerb ausgeübt, ist sie nicht förderfähig.«[47] Du musst also

47 https://www.arbeitsagentur.de/datei/dok_ba024940.pdf; besucht am 14.02.2024

den größten Anteil deiner Arbeitszeit pro Woche auf die geplante Selbstständigkeit aufwenden (und mindestens 15 Stunden).

2. Ebenso können Personen, die **bereits im Nebenerwerb** selbstständig tätig waren, den Gründungszuschuss erhalten. Voraussetzung ist, dass der Nebenerwerb zum Haupterwerb aufgestockt wird.
3. Aus deinem Finanz-Plan muss hervorgehen, dass du von dem errechneten Gewinn deine Existenz sichern, also **von deinem Business leben** kannst. Die selbstständige Tätigkeit muss demnach Arbeitslosigkeit beenden.
4. Denk daran, dass der Sachbearbeiter, der über deinen Antrag entscheidet, in der Regel nur einen kleinen Ausschnitt deiner Persönlichkeit kennt und sich vor allem auf die **harten Fakten** konzentrieren wird – also auf einen belastbaren Business- und Finanz-Plan. Aus diesem Grund musst du einen **tragfähigen Business- und Finanz-Plan** vorlegen, der deinen Arbeitsvermittler überzeugt – denn letztlich entscheidet er nach eigenem Ermessen über deinen Antrag auf den Gründungszuschuss.
5. Darüber hinaus muss deine fachliche Eignung für diese selbstständige Tätigkeit durch eine **fachkundige Stellungnahme** nachgewiesen werden, zum Beispiel durch uns als zertifizierter Bildungsträger oder eine andere zertifizierte Stelle, wie die *Industrie- und Handelskammer* (IHK), berufsständische Kammern (zum Beispiel Handwerkskammer), Berater wie Unternehmens- oder Steuerberater, Fachverbände oder Banken und Kreditinstitute. Die fachkundige Stellungnahme ist im Gründercoaching bereits enthalten, wenn du sie bei mir und meinem Team absolvierst (mindestens 40 Unterrichtseinheiten).
6. Der **Gründungszuschuss ist eine Kann-Leistung**. Das bedeutet, dass du keinen Rechtsanspruch auf diese Form der Unterstützung hast.
7. Tatsächlich wird der Gründungszuschuss wesentlich häufiger gewährt, wenn du bereits **im Vorfeld ein Gründercoaching** absolviert hast. Denn die Qualität deiner Unterlagen entscheidet – und diese ist mit professioneller Unterstützung einfach deutlich

besser. Mit diesem Buch hast du also einen entscheidenden Anfang gemacht!

8. Seit dem 01.01.2023 wurde übrigens der sogenannte **Vermittlungsvorrang in Bezug auf den Gründungszuschuss aufgehoben**, also die bevorzugte Vermittlung in die Erwerbstätigkeit. »Der Vermittlungsvorrang gilt [gemäß § 4 SGB III] nicht im Verhältnis zur Förderung von Existenzgründungen mit einem Gründungszuschuss nach § 93.«[48] Übersetzt bedeutet das beispielsweise, dass eine ausgebildete Erzieherin noch bis Ende 2022 wahrscheinlich keinen Gründungszuschuss für ihr Coaching-Business erhalten hätte, wenn zur Zeit der Antragstellung in ihrer Stadt mehrere Stellen als Erzieherin ausgeschrieben gewesen wären. Der Sachbearbeiter hätte versucht, sie stattdessen in eine dieser sozialversicherungspflichtigen Stellen zu vermitteln und den Antrag auf Gründungsförderung (Gründungszuschuss oder Gründercoaching) mit dieser Begründung abgelehnt. Diese Gesetzesänderung beziehungsweise der Wegfall dieser Regelung erleichtert die Antragsstellung folglich sehr.

5.2.7 Habe ich eine Chance auf Förderung, wenn ich selbst gekündigt habe?

Diese Frage konnte ich vor ein paar Monaten noch mit einem klaren »Ja« beantworten – hier ging es vielmehr darum, die drei Monate Sperrfrist, in der kein Arbeitslosengeld ausgezahlt wurde, möglichst sinnvoll zu überbrücken, und in dieser Zeit beispielsweise ein Gründercoaching zu absolvieren, um anschließend den Gründungszuschuss zu beantragen.

Letztendlich hat alles genauso funktioniert wie bei Personen, denen gekündigt oder deren Stelle nicht verlängert wurde.

Jedoch gibt es seit einigen Monaten eine Gesetzesänderung, aus der hervorgeht, dass das Gründercoaching und der Gründungszuschuss

48 Vgl. https://www.bmas.de/DE/Service/Presse/Pressemitteilungen/2022/das-aendert-sich-2023.html; besucht am 14.02.2024.

nicht mehr so leicht gewährt werden, wenn man selbst gekündigt hat. Das Gesetz ist allerdings recht unklar formuliert und lässt sowohl in die eine als auch in die andere Richtung Spielraum offen.[49] Bis jetzt haben wir als Bildungsträger noch nicht das Gefühl, dass sich in der Praxis etwas geändert hätte. Nichtsdestotrotz gibt es diese Änderung auf dem Papier und ich möchte dies deshalb genau im Auge behalten und bin gespannt, wie Arbeitsvermittler zukünftig in Fällen entscheiden, in denen Menschen mit Gründungsideen die Förderungen beantragen, die ihr vorangegangenes Angestelltenverhältnis selbst gekündigt haben.

Wenn du selbst gekündigt hast und gründen willst, dann empfehle ich dir weiterhin: Versuche, diese Förderungen zu bekommen – also sowohl das Gründercoaching als auch den Gründungszuschuss und dessen Verlängerung. Denn auch wenn du selbst gekündigt hast, bleibt die Entscheidung darüber, ob du sie erhältst, weiterhin Ermessenssache deines Sachbearbeiters.

Ich erlebe es auch immer wieder, wie die Arbeitsvermittler im telefonischen Gespräch erwähnen, dass sie den Gründungszuschuss eher nicht bewilligen werden. Zum einen musst du hier verstehen, dass es nicht die vorrangige Aufgabe deines Arbeitsvermittlers ist, dir den Weg in die Selbstständigkeit zu erleichtern, sondern dich in ein sozialversicherungspflichtiges Angestelltenverhältnis zu bringen. Zum anderen rate ich dir dringend, den Gründungszuschuss dennoch zu beantragen. Noch wichtiger ist allerdings: gute Unterlagen einzureichen, also vorher das Gründercoaching zu absolvieren. Ich habe es in der Vergangenheit unzählige Male erlebt, dass Gründern zuerst gesagt wurde: »Nein, den Gründungszuschuss bekommen Sie nicht« oder »Nein, da haben Sie keine Chancen«. Doch sobald die Arbeitsvermittler deren sorgfältig und professionell eingereichte Dokumente gelesen haben, wendete sich das Blatt meistens.

Allerdings kannst du den Gründungszuschuss (und das Gründercoaching) erst dann beantragen, wenn deine vorangegangene

49 Vgl. https://www.arbeitsagentur.de/vor-ort/thueringen-nord/presse/2023-29-neuerungen-beim-grundungszuschuss; besucht am 04.06.2024.

Tätigkeit geendet hat und du tatsächlich arbeitslos bist. Deine Sperrfrist ist davon unabhängig. Wichtig ist nur, dass die Arbeitslosigkeit eingetreten ist und du sie der *Agentur für Arbeit* rechtzeitig gemeldet hast. Wenn es darum geht, die Förderung bei der *Agentur für Arbeit* zu beantragen, auch wenn du selbst gekündigt hast, braucht es nur eine Portion Mut.

Ich möchte dich motivieren, den Antrag in jedem Fall zu stellen – gerne unterstütze ich dich dabei.

5.2.8 Wie beantrage ich einen Gründungszuschuss?

Du kannst den Antrag auf Gründungszuschuss bei der für dich zuständigen *Agentur für Arbeit* stellen, sobald du mindestens einen Tag arbeitslos und antragsberechtigt bist.

Für deinen Antrag benötigst du eine Reihe an Dokumenten, die dein Gründungsvorhaben beschreiben und den Erfolg in Aussicht stellen:

- Lebenslauf,
- Fachkundige Stellungnahme (Gutachten einer fachkundigen Stelle),
- Business-Plan,
- Antragsdokument der *Agentur für Arbeit*,
- Nachweis der fachlichen Kompetenz,
- Nachweis der Gründung und
- Gegebenenfalls eine Stellungnahme, für welchen Zweck der Zuschuss beantragt wird.

Um den Gründungszuschuss letztlich zu beantragen, sind folgende Schritte nötig:

1. Schritt: Persönliches Gespräch und Antragsunterlagen

Bitte deinen Arbeitsvermittler um ein persönliches Gespräch, denn er wird sicherlich nicht aktiv auf dich zukommen und dir diese Förderung anbieten. In diesem Gespräch bittest du ihn, dir die Unterlagen zuzuschicken, die du für den Antrag des Gründungszuschusses benötigst.

2. Schritt: Antrag ausfüllen

Der eigentliche Antrag ist nicht sehr umfangreich. Wichtig ist jedoch, dass du bei Frage *3:* Für meine selbstständige Tätigkeit wende ich künftig *circa … Wochenstunden auf* mindestens 15 Stunden einträgst! Andernfalls geht dein Arbeitsvermittler davon aus, dass du nur nebenberuflich gründen willst – und das wird nicht gefördert.

Dein Antrag beim Arbeitsamt sollte sorgfältig und vollständig ausgefüllt sein. Gerne helfe ich dir auch hier beim Ausfüllen deines Antrags.

3. Schritt: Unterlagen zusammenstellen

Der Antrag für den Gründungszuschuss ist nicht lang und kann in kurzer Zeit ausgefüllt werden. Was deutlich mehr Zeit in Anspruch nimmt, ist die Zusammenstellung der geforderten Unterlagen. Dein Sachbearbeiter bei der *Agentur für Arbeit* will genau sehen, dass du fachlich und auch persönlich zum Unternehmer taugst.

- Diese Eignung belegst du einerseits anhand deines **Lebenslaufs**.
- Andererseits benötigst du eine sogenannte **fachkundige Stellungnahme**. Hinter diesem hochtrabenden Namen verbirgt sich das Gutachten einer fachkundigen Stelle, beispielsweise von uns als Unternehmen mit der Fachkompetenz *Existenzgründung*. Darin bestätige ich, dass du wirklich das Zeug zum Unternehmer hast (natürlich nur, wenn ich wirklich dieser Überzeugung bin). Es handelt sich dabei um ein Dokument, das im Rahmen der Antragsunterlagen für den Gründungszuschuss von der *Agentur für Arbeit* zur Verfügung gestellt wird. Der jeweilige Bildungsträger muss dieses Dokument ausfüllen und abstempeln. Letztlich geht es darum, dass dir bei deiner Gründung Aussichten auf Erfolg bescheinigt werden – du also das Zeug zum Unternehmer hast.
- Das Herzstück deines Antrags auf den Gründungszuschuss ist allerdings dein **Business- und Finanz-Plan**. Hier solltest du besonders viel Sorgfalt walten lassen, denn Unachtsamkeiten im

Business-Plan führen schnell zur Ablehnung deines Antrags. Ein Glück, dass du nun weißt, worauf es dabei ankommt, denn ich habe dir in diesem Kapitel ausführlich erläutert, welche Unterlagen du benötigst, um den Gründungszuschuss zu erhalten!

Falls du dennoch Unsicherheiten bei der Antragstellung verspürst, dann lass uns gemeinsam deinen Weg in die Selbstständigkeit meistern! Denn im Gründercoaching wirst du darauf vorbereitet, mit antragssicheren Dokumenten abzuschließen. Übrigens haben mit meiner Unterstützung bereits 99 Prozent aller Kunden diese Förderung erhalten!

5.2.9 Wie kann ich den Gründungszuschuss optimal nutzen?

Die Zeit, in der du diese Förderung erhältst, bietet dir eine einmalige Gelegenheit, um Fuß zu fassen. Diese Chance solltest du nutzen, um in folgende Bereiche zu investieren und damit dein Unternehmen am Markt zu etablieren:

1. **Marketing und Vertrieb:** Nutze diese Zeit, um dein Business bekannt zu machen und selbstbewusst nach außen zu kommunizieren. Dazu gehört eine solide Marketingstrategie, die auf deine Zielgruppe zugeschnitten ist. Wenn du die Kapitel zu *Positionierung* und *Marketing* in diesem Buch sorgfältig durchgearbeitet hast, weißt du nun bereits, welche Marketingmaßnahmen du angehen möchtest beziehungsweise was zu deiner Zielgruppe passt. Besonders organisches Wachstum benötigt Zeit und funktioniert nicht über Nacht. Jetzt ist außerdem die Zeit, um dich gegebenenfalls um die Gestaltung deines Corporate Designs und anderer Werbemaßnahmen zu kümmern.
2. **Netzwerkaufbau:** Ein starkes Netzwerk kann entscheidend sein für den Erfolg deines Unternehmens. Nutze die Zeit der Förderung durch die *Agentur für Arbeit*, um Kontakte zu knüpfen und Beziehungen aufzubauen, die dir langfristig zugutekommen können. Besuche Branchenveranstaltungen, trete professionellen Netzwerken bei und pflege bestehende Kontakte, um dein

Netzwerk stetig zu erweitern. Es gibt in jeder größeren Stadt wunderbare Netzwerktreffen, die häufig gerade auf Gründer ausgerichtet sind. Zum Beispiel das *BNI*[50] Ich bin beispielsweise Mitglied bei *AIXcellent*.[51] Aber auch online gibt es inzwischen zahlreiche Netzwerke. Hier ist wichtig, dass du ausprobierst, mit welchem Format du dich am wohlsten fühlst – und auch, was für ein Netzwerk-Typ du bist. Der »Early Bird« findet vielleicht stark strukturierte Netzwerktreffen morgens um 7 Uhr super, die andere zieht lieber entspannte Gründerinnentreffen vor, bei denen nur Frauen anwesend sind. Jetzt ist die Zeit, um es herauszufinden! Vor allen Dingen ist wichtig, herauszufinden, zu welchem Zweck du ein Netzwerktreffen besuchst. Ist das Ziel, über diesen Kreis an Kunden zu kommen, solltest du dich nicht unbedingt mit Menschen aus deiner Zielgruppe treffen – den Fehler habe ich früher gemacht. Ich bin damals zu Netzwerktreffen von Coaches gegangen und am Ende wollten sie alle nur mein Geschäftsmodell von mir abgreifen – das hätte ich mir sparen können.

3. **Weiterentwicklung deiner Idee:** Deine Geschäftsidee ist der Kern deines Unternehmens. Nutze die Zeit des Gründungszuschusses, um deine Idee weiterzuentwickeln und zu verfeinern. Führe Marktanalysen durch, um potenzielle Nischen oder Marktlücken zu identifizieren, und optimiere dein Produkt- oder Dienstleistungsangebot entsprechend. Sei offen für Feedback von Kunden, Kollegen und Experten und arbeite kontinuierlich daran, deine Geschäftsidee zu verbessern. Ganz wichtig ist, dass du während des Gründungszuschusses die ersten Umsätze generierst, denn ansonsten hast du wenig Chancen auf Verlängerung. Außerdem benötigst du diese Umsätze, damit dein Lebensunterhalt nach den ersten sechs Monaten weiterhin gewährleistet ist.

---

50 Das BNI ist ein weltweit organisiertes Unternehmernetzwerk. Weitere Informationen findest du hier: https://bni.de/de/index.

51 *AIXcellent* ist ein regionales Netzwerk im Raum Aachen. Weitere Informationenen findest du hier: https://www.aixcellent.ac.

Du weißt nun, was du für die erfolgreiche Antragstellung des Gründungszuschusses benötigst und wie du ihn für deine Geschäftsidee nutzen kannst.

Der Gründungszuschuss ist nicht nur eine finanzielle Hilfe, sondern auch eine wertvolle Unterstützung auf dem Weg zur Selbstständigkeit. Er ermöglicht es angehenden Unternehmerinnen und Unternehmern, ihre Träume zu verwirklichen und einen erfolgreichen Start in die Selbstständigkeit zu haben.

Mein Tipp: Absolviere ein Gründercoaching, um dich optimal auf deine Selbstständigkeit vorzubereiten. Diese Vorbereitung ist essenziell für die Bewilligung des Gründungszuschusses. In zehn Jahren habe ich nur zwei Mal erlebt, dass es mit dem Antrag nicht geklappt hat – 99 Prozent aller Anträge, die im Rahmen meines Coachings gestellt wurden, wurden bewilligt!

5.3 Verlängerung des Gründungszuschusses

Wenn du den Gründungszuschuss erhalten hast, sind die ersten sechs Monate deiner Selbstständigkeit erst mal gesichert – die *Agentur für Arbeit* nimmt dir damit den finanziellen Druck! Herzlichen Glückwunsch.

Aber wie geht es nach den sechs Monaten weiter? Es wäre doch schön, wenn wenigstens die Sozialversicherungsbeiträge noch eine Weile gefördert würden, oder?

Wie ich schon hervorgehoben habe: Tatsächlich kannst du für weitere neun Monate finanzielle Unterstützung in Höhe von 300 Euro Pauschalbetrag monatlich beantragen. **Insgesamt handelt es sich dabei um eine weitere Förderung von 2.700 Euro.** Diese 300 Euro werden übrigens nicht für die Ermittlung deiner zu zahlenden Beiträge für die gesetzlichen Sozialversicherungsbeiträge angerechnet. Also ein großartiger Bonus, den du von der *Agentur für Arbeit* beantragen kannst.

Dafür musst du einen Antrag auf Verlängerung deines Gründungszuschusses stellen. Viele Gründer wissen nicht, dass man eine Verlängerung beantragen kann, verpassen den richtigen Zeitpunkt der Beantragung oder füllen die Unterlagen fehlerhaft aus. Denn nicht jeder Gründer, der den Gründungszuschuss erhalten hat, bekommt automatisch auch die Verlängerung zugesprochen. Auch bei der Verlängerung handelt es sich um eine »Kann-Leistung« der *Agentur für Arbeit* – du hast also keinen rechtlichen Anspruch darauf.[52]

Damit dein Antrag auf Verlängerung erfolgreich wird, beantworte ich dir in diesem Kapitel alle relevanten Fragen zur Antragsstellung!

5.3.1 Wann ist der richtige Zeitpunkt, um den Antrag auf Verlängerung zu stellen?

Wichtig ist, dass du den Antrag nicht zu früh stellst, aber auch nicht zu spät – also nicht erst, wenn die sechsmonatige Förderung ausgelaufen ist. Am besten stellst du den Antrag etwa vier Wochen, bevor der Gründungszuschuss ausläuft, damit du deine Sozialabgaben ganz entspannt weiterzahlen kannst.

5.3.2 Voraussetzungen für die Antragstellung

- Du solltest den sechsmonatigen Gründungszuschuss erhalten haben.
- Du solltest nachweisen können, dass dein Unternehmen so weit Fuß gefasst hat, dass der Lebensunterhalt nun selbst erwirtschaftet werden kann. Denn dafür hast du die sechsmonatige Förderung erhalten.
- Du solltest deine selbstständige Tätigkeit, für die dir der Gründungszuschuss bewilligt wurde, auch weiterhin hauptberuflich ausführen (also den Hauptteil deiner wöchentlichen Arbeitszeit darauf verwenden – mindestens 15 Wochenstunden).

---

52 Vgl. https://www.arbeitsagentur.de/arbeitslos-arbeit-finden/arbeitslosengeld/gruendungszuschuss-beantragen; besucht am 04.06.2024.

- Intensive Geschäftstätigkeit: Die *Agentur für Arbeit* setzt als Bedingung für die Verlängerung voraus, dass du alles dafür tust, damit sich dein Business weiterhin gut entwickelt.

5.3.3 Wie verlängere ich den Gründungszuschuss?

Auch wenn du für die Verlängerung nochmal einen separaten Antrag stellen musst, lohnt es sich, dir die Mühe zu machen. Wie das konkret geht, erfährst du hier:

1. **Schritt:** Etwa vier bis sechs Wochen, bevor dein Gründungszuschuss ausläuft, solltest du erneut **Kontakt mit deinem Sachbearbeiter aufnehmen**. Am besten schreibst du eine E-Mail, in der du darum bittest, dass dir die Antragsunterlagen für die Verlängerung des Gründungszuschusses zugeschickt werden.
2. **Schritt:** Schicke die **Veränderungsmitteilung** an die *Agentur für Arbeit*. Sollte sich seit der Antragsstellung zum Gründungszuschuss etwas Grundlegendes bei dir verändert haben, dann solltest du das jetzt der Agentur mitteilen (zum Beispiel dein Wohnort, deine Bankverbindung, die Anzahl der Wochenstunden oder Änderungen in Art und Umfang deiner Tätigkeit). Natürlich gilt das auch für Nebenjobs (Minijob oder dergleichen), die du in der Zwischenzeit vielleicht zusätzlich aufgenommen hast.
3. **Schritt:** Ein überzeugender **schriftlicher Bericht** muss zusätzlich zu den Antragsunterlagen verfasst werden. Hierin solltest du ausformulieren, was du alles getan hast, um dein Unternehmen solide aufzustellen, und wie du sicherstellst, dass du den Lebensunterhalt mit dieser Selbstständigkeit finanzieren kannst, also deine intensive Geschäftstätigkeit, die du in Form eines überzeugenden Textteils belegen musst. Das alles muss anhand von Zahlen/Tabellen belegt werden – beispielsweise durch eine **Finanzübersicht** des Steuerberaters, generiert mit einem Programm wie *Lexware*, oder anhand selbst erstellter Tabellen. Es lohnt sich, in diesen Geschäftsbericht Mühe zu investieren.

4. **Schritt: Unterlagen abschicken!** Sobald du deine sorgfältig erstellten Unterlagen eingereicht hast, ist das die halbe Miete für den Erfolg deiner Förderverlängerung.
5. **Schritt:** Sofern Zweifel am Erfolg der Selbstständigkeit und am Sinn der Weiterbewilligung des Gründungszuschusses bestehen sollten, wird die *Agentur für Arbeit*, entsprechend der gesetzlichen Vorgabe, erneut eine **Stellungnahme einer fachkundigen Stelle** verlangen. Bei meinen Kunden ist das noch nie passiert – so selten kommt das vor. Aber es ist theoretisch möglich.

Ich verstehe, wenn das alles etwas viel auf einmal ist – zumal es gar nicht so leicht ist, einerseits darzulegen, dass sich dein Business gut entwickelt, aber andererseits darzustellen, dass es noch nicht so rund läuft, um die Förderung zu erlangen. Hier ist die goldene Mitte gefragt.

Es lohnt sich dennoch auf jeden Fall, sich diese Mühe zu machen und den Antrag zu stellen. Immerhin reden wir hier über fast 3.000 Euro Förderung!

5.4 Die häufigsten Fragen zur Förderung der Agentur für Arbeit

Hast du noch offene Fragen zum AVGS, zum Gründercoaching oder zum Gründungszuschuss? Eine Gründung ist immer so individuell wie die Gründer auch. Dennoch gibt es einige Fragen, die ich öfter höre als andere. Hier deshalb meine wichtigsten Antworten rund um die Förderungen der *Agentur für Arbeit*:

1. Zeitpunkt des Antrags: Kann ich direkt beim ersten Kontakt mit der Agentur nach dem Gutschein fragen – beziehungsweise wann erzähle ich meinem Sachbearbeiter am besten von meinem Gründungsvorhaben?

Ganz klare Antwort: Ja beziehungsweise sofort. Aus meiner Erfahrung durch unzählige begleitete Gründungen mit Gründercoaching weiß ich: Ehrlichkeit währt am längsten! Leider kursieren im Internet andere Infos, die dich überzeugen wollen, du solltest besser nicht sofort mit der Tür ins Haus fallen. Doch lass uns das mal zu Ende denken: Was sind die Konsequenzen aus einer solchen Strategie? Abgesehen davon, dass du mit einer Lüge beginnst und stets aufpassen musst, dass du dich nicht in deinem selbst gesponnenen Lügennetz verfängst, fühlt sich das sicher nicht gut an. Wenn du deinen Arbeitsvermittler in dem Glauben lässt, dass du dem freien Arbeitsmarkt zur Verfügung stehst, bekommst du in der Regel Vermittlungsvorschläge. Ist das in deinem Sinn? Bitte kommuniziere deshalb lieber gleich ehrlich und steh zu deinen Plänen.

2. Was mache ich, wenn ich den Gutschein im ersten Anlauf nicht bekomme?

Nochmal zusammengefasst und deutlich: Bleib höflich und hartnäckig! Schick mir im Zweifel eine E-Mail mit Infos und teile mir mit, woran es hakt, oder du buchst meinen Minikurs *Dein sicherer Weg zum AVGS*. In jedem Fall ist eine erste Ablehnung kein Grund zum Aufgeben. Ich habe schon sehr hartnäckigen Fällen zu einer Förderung verholfen, die im ersten Anlauf beispielsweise keinen Gründungszuschuss erhalten sollten.

3. Was mache ich, wenn mein Gutschein eine Begrenzung hat (inhaltlich, im Umfang und/oder im Zeitraum)?

Das ist natürlich schade für dich, denn dann kannst du leider nicht alle Module im Gründercoaching durcharbeiten. Aber du kannst jeden Gutschein – egal mit welchem Umfang – für ein Gründercoaching bei mir einlösen! Wir finden garantiert eine Lösung für dich. Am besten schickst du mir deinen Gutschein per E-Mail und du wirst sehen: Auch mit wenigen Stunden können wir einiges schaffen!

4. Was mache ich, wenn mich mein Sachbearbeiter in ein Anstellungsverhältnis vermitteln will?

Bereite dich auf die Gespräche mit der Agentur immer gut vor und habe eine Erklärung parat, warum du dich selbstständig machen willst. Sei hierbei höflich, aber hartnäckig. Kleine Info am Rande: Der Vermittlungsvorrang wurde zum 01.01.2023 abgeschafft.[53]

5. Nebengewerbe: Darf ich sagen, dass ich bereits im Nebenerwerb tätig bin?

Ja, du bist sogar gesetzlich dazu verpflichtet, diese Information offenzulegen. Aber das ist für dein Vorhaben auch nicht hinderlich. Wenn du aus deinem Nebengewerbe ein Hauptgewerbe machen möchtest, gibt es ebenso die Möglichkeit der Förderung durch die *Agentur für Arbeit* wie für jeden anderen Gründer auch.

6. Sperrfrist: Ich bekomme (noch) kein ALG 1, sondern bin in einer Sperrfrist – bekomme ich trotzdem die Förderung?

Ja! Auch in der Zeit der Sperrfrist, zum Beispiel nach eigener Kündigung, ist ein Gründercoaching möglich. Erfahrungsgemäß sind die Vermittler dann sogar großzügiger. Aber Achtung, wenn du gekündigt hast, um dich selbstständig zu machen, denn hier gab es gesetzliche Änderungen – sprich mich deshalb am besten darauf an!

7. Ich bekomme einen AVGS, aber:
… meine Agentur für Arbeit zahlt nur Coachings bei einem bestimmten Bildungsträger.
… meine Arbeitsvermittlerin will, dass ich zu einem lokalen Bildungsträger gehe.

---

53 Vgl. https://www.bundesregierung.de/breg-de/schwerpunkte/entlastung-fuer-deutschland/buergergeld-2125010; besucht am 30.04.2024.

Solche Aussagen höre ich leider öfter. Bitte beachte, dass es in Deutschland das Recht auf freie Bildungsträgerwahl gibt. Die Agentur darf dir nicht vorschreiben, wo du dein Gründercoaching absolvierst. Mein Coaching ist als Online-Maßnahme zertifiziert. Die regionale Beschränkung entfällt somit.

Es ist leider so, dass sowohl das Gründercoaching als auch der Gründungszuschuss eine Ermessensleistung der *Agentur für Arbeit* bleiben. Es besteht kein Rechtsanspruch auf diese Förderungen und manches Mal stehen die Sterne ungünstig, die Vermittler haben vielleicht Zielvereinbarungen zu erfüllen und dann läuft die Kommunikation holprig bis sperrig.

Doch wenn du für dein Thema brennst und bereit bist für die Anforderungen, die an eine Selbstständigkeit geknüpft sind, dann bleib unbedingt dran und verfolge dein Ziel.

Kapitel 6
Die Königinnendisziplin (Sonderfall Mompreneur)

Du bist Mutter und willst dein eigenes Business auf die Beine stellen? Endlich unabhängig arbeiten und die Work-Life-Balance selbst in die Hand nehmen? Dann mach dich jetzt als »Mompreneur« selbstständig! Was es mit diesem Begriff auf sich hat, welche Vorteile du als »Mompreneur« genießt und welche Tipps ich dir dabei mit auf den Weg gebe, erfährst du in diesem Kapitel.

Kind und Geschäft

Ich bin ein großer Ordnungsfan. Ich mag Ordnung in meinem Haus, im Büro, auf meinem Desktop und im Geschäftsleben. Ich mag es, wenn ich Termine länger im Voraus planen kann. Mein Wecker klingelt jeden Morgen exakt um 6:37 Uhr – kein Witz – und es bringt mich durcheinander, wenn ich mal aufgrund eines außerordentlichen Termins eine andere Zeit einstellen muss.

Als mein Sohn geboren wurde, ist das alles erst mal komplett auf den Kopf gestellt worden. Denn mit Kind zieht das Chaos ein und die absolute Fremdbestimmung! Auf einmal entschied ich nicht mehr selbst, wann ich schlief und wann ich aufstand, sondern dieses kleine niedliche Wesen.

Ich habe zwölf Monate Elternzeit genommen, ohne eine Minute zu arbeiten. Die größte Herausforderung kam vor allem nach der Elternzeit, denn ab da hatte ich immer das Gefühl, niemandem gerecht zu werden.

Doch mein Sohn wuchs und mit jedem Schritt, den er ging, kehrte auch in mein Leben ein Stück mehr Selbstbestimmung zurück. Als er aus dem Gröbsten raus war, absolvierte ich eine Weiterbildung zum Business-Coach und schon am ersten Tag der Ausbildung wusste ich: »Daraus muss ich unternehmerisch etwas machen!« In den darauffolgenden Monaten entwickelte ich meine neue Geschäftsidee: ein Unternehmen als Gründercoach! In den letzten zehn Jahren baute ich diese Idee gemeinsam mit meinem Team zu einem florierenden Unternehmen aus – und das, obwohl ich als Mompreneur so einige zusätzliche Herausforderungen zu bewältigen hatte, die Gründern und Gründerinnen ohne Kind erspart bleiben. Trotzdem würde ich nichts anders machen und habe einen guten Weg gefunden, mein Unternehmen als Berufung zu betrachten, alles zu geben und trotzdem Zeit für mich (Hobbies, Urlaub) und meine Familie zu haben.

6.1 Was ist eine Mompreneur?

Der Begriff »Mompreneur« setzt sich aus den englischen Begriffen »Mom« (Mutter) und »Entrepreneur« (Unternehmerin) zusammen. Es handelt sich dabei also um eine Mutter, die ein Unternehmen führt. Das erste Mal tauchte der Begriff 1996 im Buch *Mompreneurs: A Mother's Practical Step-by-Step Guide to Work-at-Home Success*[54] auf. Erst vor etwa 15 Jahren schwappte er dann auch nach Deutschland über. Inzwischen gibt es zahlreiche Bücher, Netzwerke und Coaching-Ansätze, die sich mit den speziellen Herausforderungen der Mompreneurs beschäftigen und selbstständigen Müttern entsprechende Unterstützung bieten.

Ich finde es großartig, dass immer mehr Mütter auch in Deutschland den Mut haben, sich mit einer langgehegten Businessidee in die Selbstständigkeit zu wagen. Denn auch wenn das Unternehmertum als Mutter nicht immer leicht und locker vonstattengeht, hält es doch einige Vorteile bereit.

Während es in einem klassischen Angestelltenverhältnis beispielsweise oftmals schwierig ist, Kinder, Haushalt und Beruf unter einen Hut zu bringen oder auch nach der Elternzeit einen Job zu finden,

54 Cobe, P. und E. H. Parlapino (2002). Mompreneurs. A Mother's Practical Step-by-Step Guide to Work-at-Home Success, TarcherPerigee, New York City, 4. überarbeitete Edition.

der zu deinen Bedürfnissen passt, hast du als Mompreneur eher die Möglichkeit, deine Arbeitszeit flexibel zu gestalten (es sei denn, du eröffnest deine eigene Praxis und musst entsprechende Öffnungszeiten anbieten). Denn meistens möchte man mit Kind eben nicht mehr 40 Stunden arbeiten, was sich davor vielleicht noch super angefühlt hat.

Für die meisten Frauen stellt die Geburt des ersten Kindes eine Zäsur dar. Nichts ist mehr so wie vorher. Alte Gewissheiten verschieben sich und viele Mütter haben das Gefühl, nicht nur ihr Kind, sondern auch sich selbst neu kennenzulernen. Denn da ist einerseits plötzlich dieses kleine Wesen, das unfassbar viel Raum und Aufmerksamkeit fordert, andererseits ist es für viele Frauen das erste Mal in ihrem Erwachsenenleben, dass sie sich eine längere Auszeit von ihrem Beruf nehmen (können). Gedanken tauchen auf, manches wird infrage gestellt: *Wer bin ich eigentlich – mit und ohne dieses Kind?* oder *Was will ich noch vom Leben?*

Sie beschäftigen sich mit neuen Themenfeldern: Auf Spaziergängen, beim Mittagsschlaf des Kindes oder während das Kind gefüttert wird, werden bei manchen kreative Energien und sogar vielleicht lange unterdrückte Bedürfnisse frei. Es ist genau diese Zeit, in der bei einigen die ersten Geschäftsideen auftauchen. Manchmal haben sie sogar mit Herausforderungen zu tun, die sich den Müttern erst in dieser Zeit zum ersten Mal stellen. In der Elternzeit tauchen bei vielen Müttern Zweifel auf, die sich auf ihre bisherige Tätigkeit oder das konkrete Anstellungsverhältnis beziehen: *Wie möchte ich mich beruflich weiterentwickeln? Kann und will ich noch zurück in den Vollzeitjob oder entscheide ich mich für die Teilzeitvariante und nehme weniger Verantwortung und Perspektiven in Kauf?*

Ich war übrigens unternehmerisch komplett stillgelegt in der Elternzeit. Tatsächlich hat mich das überhaupt nicht interessiert. Ich war viel zu sehr damit beschäftigt, mich in die neue Situation einzufinden. Aber dann – nach zehn Monaten voller Gespräche, die sich ausschließlich um Windeln wechseln, Kinderkrankheiten und Dinkelvollkornmuffins drehten – wollte ich unbedingt wieder gestalten und ein Unternehmen führen!

Manche gehen dennoch zurück in ihren Beruf, andere wechseln die Anstellung. Doch feste Arbeitszeiten und die Betreuungszeiten in den Kitas sind oft nur schwer miteinander zu vereinbaren. Mütter finden sich dann häufig in einem Dilemma wieder: Einerseits wollen sie möglichst viel Zeit mit ihrem Kind verbringen, andererseits wollen oder können sie nicht »nur« Hausfrau sein.

Bei manchen kehrt spätestens jetzt die Idee zurück, die sie vielleicht schon lange vor der Elternzeit hatten, oder die im Mutterschutz das erste Mal deutlich ans Licht trat.

Es gibt viele Gründe, sich als Mutter selbstständig zu machen. Durch meine Kundinnen weiß ich, dass der häufigste Grund in der Vereinbarkeit von Familie und Karriere liegt. Denn wenn du selbst die Chefin bist, bestimmst nur du, was, wie lange und wie viel du arbeitest. Die Arbeitszeiten und Abläufe lassen sich als Mompreneur flexibel an den Familienalltag anpassen. Zudem wirkt sich die selbstbestimmte Arbeit auch erheblich auf deine Stimmung aus, da du endlich das machen kannst, was dich erfüllt. Und das wirkt sich wiederum positiv auf dein Kind aus, denn wenn Mama glücklich ist, ist es auch das Kind.

6.2 Mütter sind hervorragende Gründerinnen

Mit dem Tag der Geburt deines Kindes wirst du nicht nur Mutter, sondern auch eine unglaubliche Multitasking- und Zeitmanagement-Expertin. Sicher hast du auch schon mal von jemandem ohne Kinder die Frage gestellt bekommen: »Dein Tag hat doch auch nur 24 Stunden – wie schaffst du es, das alles unter einen Hut zu bringen?« Die Antwort ist leicht: Einfach, weil es sein muss!

Denn gerade die Menschen, die über wenig Zeit verfügen, lernen zwangsläufig, effizienter damit umzugehen. Als Mama bleibt einfach kein Raum für Prokrastination. Das ist ein großer Vorteil, wenn du dich für eine Selbstständigkeit entscheidest.

Zudem hast du mit deinem Kind einen wunderbaren Motivator an deiner Seite. Denn natürlich ist der Gründungsprozess kein

Spaziergang. Hast du mal einen schlechten Tag oder klappt etwas nicht gleich, wie du es dir wünschst, reicht ein Blick ins Kinderbett und du weißt, wofür du das alles tust. Das muss der Grund dafür sein, dass Gründerinnen mit Kind so einen unbändigen Willen haben, der sie nicht vom Weg abkommen lässt.

6.3 Vier Tipps für Mompreneure

Mütter sind außergewöhnliche Planungstalente und Meisterinnen der Organisation. Leider vergessen sie sich dabei manchmal selbst. Auf lange Sicht geht das auch beim Gründungsvorhaben nicht gut. Daher habe ich hier vier ganz spezielle Tipps für Mompreneure zusammengestellt:

1. Grenzen setzen

Zugegeben: Diesen Tipp können sich auch Angestellte zu Herzen nehmen. Doch gerade selbstständigen Müttern, die im Homeoffice arbeiten, fällt es oft schwer, Grenzen zwischen Beruflichem und dem Privaten zu ziehen. Ich bin ganz ehrlich, auch mir ist das in der Anfangszeit nicht immer leichtgefallen. Denn als Unternehmerin gibt es schließlich immer etwas zu tun – man ist einfach nie fertig.

Heute achte ich auf die Grenzen, die mir der Alltag mit meinem Sohn auferlegt, und nutze sie als Möglichkeit, um Pausen zu nehmen: Ich gebe morgens Vollgas in meinem Business, bis mein Sohn von der Schule kommt. Dann ist erst mal er dran und ich habe eine wunderbare Pause, die ich mit anderen Dingen verbringen kann. Danach setze ich mich zwar häufig nochmal dran, aber mit neuer Energie.

Deshalb rate ich dir, penibel darauf zu achten, nach Feierabend, am Wochenende und im Urlaub das Postfach und das Geschäftshandy zu ignorieren. Du wirst dann schnell spüren, wie gut dir und deiner Familie diese Grenze tut.

Gleichzeitig solltest du dafür sorgen, dass in deiner Arbeitszeit wirklich nur Arbeit stattfindet. Anfangs braucht es etwas Geduld, bis du feste Zeiten gefunden hast, an denen du ungestört arbeiten kannst. Ist das Kind in der Kita oder macht es Mittagsschlaf, kannst du dich ganz deiner Arbeit widmen. Viele Mompreneure arbeiten auch gern nochmal am Abend an ihrer Selbstständigkeit, wenn die Kleinen schlafen.

Übrigens können die meisten Kinder schon gut verstehen, wenn die Mama ungestört arbeiten muss – auch wenn der Esstisch plötzlich zum Arbeitsplatz wird.

2. Mach dir einen guten Plan

Kunden akquirieren, Website erstellen, Aufträge abarbeiten und Rechnungen schreiben – so sieht der Alltag als Gründer aus. Doch als selbstständige Mutter kommt neben den üblichen To-dos eines jeden Unternehmers noch vieles mehr hinzu. Du kümmerst dich auch um die Kinder und den Haushalt, sprichst dich mit deinem Partner ab und erledigst private Termine. Hier und da eine Aufgabe für später zu notieren, artet dann schnell in einer unübersichtlichen Zettelwirtschaft aus.

Besorge dir daher schon möglichst früh ein schönes Whiteboard oder ein digitales Tool, wie zum Beispiel *Trello*, mit dem du alle Aufgaben für die Woche und den Monat – beruflich und privat – festhältst. Du kannst auch mit Farben arbeiten. Business-To-dos sind zum Beispiel gelb gekennzeichnet, Kindertermine lila, Haushaltsaufgaben blau und Zeit für dich grün. Bitte plane auch wirklich Zeit für dich sowie gemeinsame Zeit mit deinem Partner fest in deinen Plan ein! So verhinderst du, dass du im Unternehmens- und Alltagsstress zu kurz kommst – und förderst die Harmonie in deinem Zuhause beziehungsweise deinem Büro.

3. Behalte dein Ziel im Blick

Mit deinem Wochen- und Monatsplan gewinnst du einen guten Überblick. Wichtig ist zudem, dass du deine langfristigen Ziele nicht aus den Augen verlierst. Denn wer immer nur von Woche zu Woche oder von Monat zu Monat lebt, kommt nicht weit. Denke daher größer und setze dir auch Ziele für das Quartal beziehungsweise für das gesamte Jahr. Hier kannst du beispielsweise mit einem Moodboard arbeiten und deine Ziele visualisieren.

Ein Moodboard ist eine kreative Zusammenstellung von Bildern, Texten, Farben und anderen Elementen, das dazu dient, eine bestimmte Stimmung oder visuelle Richtung zu vermitteln. Es kann physisch auf einer Pinnwand oder digital auf einem Computer oder in einer App erstellt werden. Hängst du diese Collage über deinen Schreibtisch, wirst du deine Ziele immer im Blick haben. Das kann dir gerade bei großen Entscheidungen eine gute Hilfe sein, indem du dich immer fragst, welche Option dich deinen langfristigen Zielen näherbringt.

4. Lass dir helfen

Viele Mütter haben das Gefühl, alles allein machen zu müssen, weil niemand es so kann wie sie selbst. Doch da muss ich dich von deinem hohen Ross stoßen: Du kannst sicher vieles gut, dafür darfst du andere Aufgaben abgeben. Schließlich kann niemand Experte für alles sein. Schau genau hin, welche Aufgaben du gern erledigst. Die To-dos, die du nur widerwillig machst, weil sie gemacht werden müssen, kannst du abgeben – ganz egal, ob eine Haushaltshilfe den Wohnungsputz übernimmt, eine Virtuelle Assistentin die Kundenbetreuung macht oder ein Marketingexperte die Social-Media-Aktivitäten managed. Auch du hast nur 24 Stunden pro Tag – nutze sie klug!

6.4 Gründungszuschuss nach der Elternzeit?

Wenn du als Mutter (oder Vater) in der Elternzeit Gründungsideen entwickelt hast, fragst du dich sicherlich, wann die beste Zeit für die Gründung ist, wie du den Aktivierungsgutschein bekommst und ob und wann du den Gründungszuschuss beantragen kannst.

Im Grunde gilt für eine Gründung im Anschluss an die Elternzeit dasselbe, was für alle anderen Gründer gilt: Die grundsätzliche Voraussetzung für die Beantragung des Aktivierungsgutscheins und des Gründungszuschusses bleibt die Arbeitslosigkeit. Das heißt, du musst mindestens einen Tag arbeitslos gemeldet sein und die entsprechenden Unterlagen zusammenstellen (vgl. Kapitel *Gründungszuschuss*).

Am Ende ist es aber so, dass du die Gründung niemals davon abhängig machen solltest, ob die *Agentur für Arbeit* deine Gründung fördern wird oder nicht. Denn diese Entscheidung sollte aus deinem tiefsten Inneren kommen.

Kapitel 7
Game, Set, Match!

Aufschlag, Return, Winner zum Matchgewinn … Mein Herzschlag dröhnt mir in den Ohren, jeder einzelne Muskel ist angespannt, Adrenalin flutet meinen Körper. Ich bin eins mit jedem Schlag, jeder Bewegung, jedem Atemzug.

Seit meiner Jugend spiele ich Tennis. Ich liebe den Schlagabtausch – schnell denken, reagieren, spontane Entscheidungen treffen und immer in Bewegung bleiben. Ich spiele Tennis, wie ich bin: nicht lange fackeln, das Zepter in die Hand nehmen und leider oft zu ungeduldig – doch mit einem starken Willen, der niemals aufgibt.

Ich kämpfe bis zum letzten Punkt – wie im Unternehmen. Jahrelang habe ich diesem Moment entgegengefiebert, unzählige Stunden auf dem Platz verbracht, meine Technik verbessert und an meiner Beinarbeit gearbeitet. Und heute ist endlich der Tag, an dem ich all das anwenden kann, was ich gelernt habe. Rund um den Platz herrscht angespannte Stille. Mein Ziel ist zum Greifen nahe …

Und dann ist es endlich so weit: Matchball und Sieg! Ich habe gewonnen – ein unbeschreibliches Gefühl! Die harte Arbeit hat sich gelohnt. Ich weiß jetzt, dass alles möglich ist, wenn ich an mich glaube und bereit bin, für meine Träume zu kämpfen!

So fühlt es sich an, nach langer Vorbereitungszeit endlich mit der eigenen Geschäftsidee zu gründen!

Wenn du dieses Buch bis hierhin durchgearbeitet hast, dann ist dein Wille sicherlich stark genug und es lohnt sich, weiter für deine Idee zu kämpfen! Du kennst nun deine Motive, deine Stärken und Schwächen und weißt, worauf es beim Gründen ankommt und wie du an die wertvollen Förderungen der *Agentur für Arbeit* rankommst.

Trotzdem kannst nur du allein die Entscheidung treffen, ob du wirklich gründen willst oder nicht. Denn es ist zwar keine

Entscheidung, die du nie wieder umkehren kannst, aber der Wechsel von der Anstellung ins eigene Business wird deinem Leben eine entscheidende Wendung geben – egal, ob für immer oder zeitlich begrenzt. In jedem Fall sollte deine Entscheidung wohlüberlegt sein.

Du solltest sie auch nicht davon abhängig machen, ob dir die *Agentur für Arbeit* den Gründungszuschuss oder das Gründercoaching gewährt. Natürlich solltest du versuchen, die Förderung zu erhalten, wenn du die grundsätzlichen Voraussetzungen dafür erfüllst – weil sie eine wertvolle Unterstützung des Staates für deinen Gründungsprozess darstellt, dir für sechs Monate den Rücken freihält und damit vieles erleichtert.

Denke immer daran, dass es zu einem großen Teil im Ermessen deines Sachbearbeiters liegt, ob du die Förderung bekommst oder nicht. Wenn er merkt, dass du mit Feuereifer hinter deiner Gründung stehst und alles tun wirst, um ein tragfähiges Business aufzubauen, wird er eher geneigt sein, dich zu unterstützen, als wenn du mit der Einstellung rangehst: »Oh Gott, ich schaffe das nur, wenn Sie mich jetzt fördern.« Wenn du hingegen zu deiner Entscheidung stehst und dafür brennst, hast du ein ganz anderes Auftreten und strahlst Souveränität aus.

Wenn du den Gründungszuschuss trotzdem nicht bekommst, ist das kein Grund, deine Geschäftsidee in die Tonne zu treten.

Das ist ähnlich, wie wenn Menschen kurz vor Ablauf ihrer 150-Tage-Frist zu mir kommen und panisch ohne jegliche Vorbereitung ein Gewerbe anmelden wollen. Da sage ich immer erst: »Ganz ruhig, jetzt atme erst mal in Ruhe durch.« Anschließend stelle ich ihnen eine Frage, die ich auch dir mit auf den Weg geben möchte:

Was ist dir wichtiger: das Fundament für deine Selbstständigkeit so gut wie möglich vorzubereiten und zu wissen, dass sie dich über eine lange Zeit hinweg tragen wird, oder auf den letzten Metern noch schnell für sechs Monate Kohle einzusammeln, vielleicht die falsche Rechtsform zu wählen und am Ende vielleicht mit nichts dazustehen?

Überlege dir deshalb genau, was dir wichtiger ist. Ich wünsche dir jedenfalls, dass du dir langfristig etwas aufbaust, woran du Freude hast und mit dem du gleichzeitig erfolgreich wirst.

»Niemals war mehr Anfang als jetzt.«

Bist du bereit für deine Reise in die Selbstständigkeit? Auf meiner Webseite warten viele wertvolle Infos auf dich!

Du willst nicht mehr warten? Du willst gleich deine Gründungsreise antreten? Dann lass uns sprechen! Ich unterstütze dich liebend gern auf deinem ersten Stück des Weges – egal, von wo aus du startest. Buche dir gleich dein unverbindliches und kostenfreies Erstgespräch:

Ich danke …

… meinem Mann, der mich immer machen lässt und fest an mich glaubt.
… meinem Sohn, der einfach das größte Geschenk meines Lebens ist.
… meiner Mutter, die immer für mich da ist.
… meinem Vater, der mir das Unternehmertum beigebracht hat.
… Christoph für die vertrauensvolle, unkomplizierte und erfolgreiche Zusammenarbeit.

Literaturverzeichnis

- Agentur für Arbeit. Fachliche Weisungen (FW) zum Gründungszuschuss §§ 93, 94 SGB III, Stand: 13.09.2023, https://www.arbeitsagentur.de/datei/dok_ba024940.pdf; besucht am 14.02.2024).
- AOK, https://www.aok.de/pk/magazin/koerper-psyche/psychologie/impostor-syndrom-symptome-und-loesungsansaetze/; besucht am 30.04.2024).
- Bundesministerium für Arbeit und Soziales. Das ändert sich im neuen Jahr, https://www.bmas.de/DE/Service/Presse/Pressemitteilungen/2022/das-aendert-sich-2023.html; besucht am 14.02.2024.
- Bundesministerium für Finanzen, https://www.bundesfinanzministerium.de/Web/DE/Themen/Steuern/Steuerarten/Einkommensteuer/einkommensteuer.html; besucht am 30.04.2024.
- Bundesministerium der Justiz – Einkommensteuergesetz, https://www.gesetze-im-internet.de/estg/BJNR010050934.html#BJNR010050934BJNG001408140; besucht am 08.02.2024.
- Bundesministerium für Wirtschaft und Energie, GründerZeiten 16. Gründen aus der Arbeitslosigkeit, https://www.ihk.de/blueprint/servlet/resource/blob/4647726/447d381a2829e27cdcb9f19234bb993c/gruenderzeiten-grruendung-aus-arbeitslosigkeit-bmwi-data.pdf; besucht am 09.02.2024.
- Bundesregierung, https://www.bundesregierung.de/breg-de/schwerpunkte/entlastung-fuer-deutschland/buergergeld-2125010; besucht am 30.04.2024.
- BNI, https://bni.de/de/index; besucht am 30.04.2024.
- Caliendo, M. und A. Kritikos (2010). Gründungen aus Arbeitslosigkeit: nur selten aus der Not geboren und daher oft erfolgreich, DIW Berlin, Wochenbericht, Berlin, 77, Seite 2 bis 7.
- Cobe, P. und E. H. Parlapino (2002). Mompreneuers. A Mother's Practical Step-by-Step Guide to Work-at-Home Success, Tarcher-Perigee, New York City, 4. überarbeitete Edition.

- Der Standard, https://www.derstandard.de/story/2000130058818/serena-williams; besucht am 04.06.2024).
- Deutscher Bundestag, https://www.bundestag.de/dokumente/textarchiv/2024/kw08-de-wachstumschancengesetz-990672; besucht am 30.04.2024.
- Deutschlandfunk, https://www.deutschlandfunk.de/john-mcenroe-wird-60-tennisruepel-und-tennisgott-100.html; besucht am 04.06.2024).
- Finanztip.de, https://www.finanztip.de/freibetraege-pauschbetraege/; besucht am 03.05.2024.
- Für Gründer, https://www.fuer-gruender.de/wissen/existenzgruendung-planen/branchentipps/freiberufler/; besucht am 03.05.2024.
- Gabler Wirtschaftslexikon, Definition: Was ist »Marketing«?, https://wirtschaftslexikon.gabler.de/definition/marketing-39435/version-262843; besucht am 01.02.2024.
- Hartmann, A. C. (2020). PARETO PRINZIP Maximaler Erfolg mit minimalem Aufwand, Red Duck Verlag.
- https://www.haufe.de/finance/haufe-finance-office-premium/personengesellschaften-steuerliche-behandlung_idesk_PI20354_HI2185891.html; besucht am 03.05.2024.
- Hooper, T. (1974). The Texas Chain Saw Massacre. Film.
- IHK Aachen, https://www.ihk.de/aachen/ueber-uns/rechtsgrundlagen/beitragsordnung-der-ihk-aachen-4941430; besucht am 30.04.2024.
- IHK Magdeburg, Dörte Werner, Abgrenzung Gewerbe und Freier Beruf, https://www.ihk.de/magdeburg/recht/gewerberecht-ordner/gewerbeordnung/freier-beruf/abgrenzung-gewerbe-und-freier-beruf-1717318; besucht am 08.02.2024.
- Jaruwan, S. und A. James (2011). The Impostor Phenomenon« International Journal of Behavioral Science, 6(1), Seite 75 bis 97.
- Reiss, S. (2009). Das Reiss Profile. Die 16 Lebensmotive. Welche Werte und Bedürfnisse unserem Verhalten zugrunde liegen (Dein Erfolg), Gabal Verlag, Offenbach.

- Spiegel Online, https://www.spiegel.de/geschichte/john-mcenroe-wird-60-der-tennis-flegel-a-1252912.html; besucht am 30.04.2024.
- Stadt Aachen, https://serviceportal.aachen.de/suche/-/vr-bis-detail/dienstleistung/3462/show; besucht am 30.04.2024.
- Triebel, C. und C. Schikora (2016). Scheitern bei Unternehmensgründungen, In: Kunert, Sebastian (Hrsg.): Failure Management. Ursachen und Folgen des Scheiterns, Springer Gabler Verlag, Heidelberg, Seite 235 bis 248.
- UNICEF, https://www.unicef.de/angelique-kerber/144868; besucht am 30.04.2024.
- WDR, https://www1.wdr.de/archiv/stadtarchiv-ubahn/index.html; besucht am 30.04.2024.

Weitere Verlagspublikationen

»Deine Rolle als Führungskraft ist von entscheidender Bedeutung, damit unsere Unternehmen in den Märkten des 21. Jahrhunderts bestehen können und Deine Mitarbeitenden gerne mit Dir und dem Unternehmen zusammenarbeiten.«

Heiko Breckwoldt
Führ mich!
Deine Reise zu einer inspirierenden Führungspersönlichkeit in 20 Erfahrungsberichten
264 Seiten
Mentoren-Media-Verlag
ISBN: 978-3-98641-113-8
€ 24,99 [DE]

Jede Führungskraft gestaltet ausschlaggebend die Zukunft des eigenen Unternehmens und beeinflusst sie nachhaltig. Dabei kann im Umgang mit den Mitarbeitenden so einiges falsch gemacht werden. Wird schlecht geführt, dann leiden die Ergebnisse darunter oder in extremen Fällen gerät das gesamte Unternehmen in Schieflage. Aber warum machen manche Führungskräfte oft so fatale Fehler?

Heiko Breckwoldt ist sich sicher: Es geht immer darum, Menschen zu führen und darauf werden die Führungskräfte der meisten Unternehmen viel zu wenig vorbereitet. Das Resultat sind frustrierte Teams und eine vergiftete Arbeitsumgebung. Heiko Breckwoldt zeigt in 20 unterhaltsamen und lehrreichen Kurzgeschichten die wichtigsten Kompetenzen, Aufgaben und Einstellungen von Führungsarbeit und gibt seinen Lesern wirkungsvolle Werkzeuge an die Hand.

»Die 1-Tage-Woche funktioniert nur zum Nutzen deines Umfelds. Je mehr Nutzen du durch die Veränderung für andere schaffst, desto schneller und nachhaltiger bekommst du die Freiheit über deine Zeit zurück.«

Ulrich Zimmermann
Die 1-Tage-Woche
Wirklich erfolgreiche Unternehmer haben Zeit
260 Seiten
Mentoren-Media-Verlag
ISBN: 978-3-98641-107-7
€ 24,99 [DE]

Tagtäglich verlieren wir Unternehmer wertvolle Zeit in unseren geschäftigen Hamsterrädern. Ständig sind wir gefangen in einem Strudel aus Aufgaben und Verpflichtungen, fühlen uns oft überfordert und ausgelaugt. Die Freiheit, die wir erreichen wollten, scheint in weiter Ferne. Wie wäre es, wenn es einen Weg gäbe, diesen Teufelskreis zu durchbrechen? Wenn du als Unternehmer nur noch einen Tag in der Woche mit Dingen beschäftigt wärst, die du wirklich tun müsstest, und den Rest der Zeit nach deinen Wünschen 100 Prozent frei gestalten könntest?

Ulrich Zimmermann zeigt dir, wie du deine Zeit als die ultimative Unternehmerwährung nutzt. Von der Befreiung aus dem Hamsterrad bis zur Weiterentwicklung deiner 1-Tage-Woche lernst du, wie du dein Unternehmen wertvoller machst und gleichzeitig deine persönliche Freiheit maximierst. Außerdem lernst du, deine Denkweise zu Zeit und deine Führungsskultur zu optimieren, um Zeit für die wirklich wichtigen Dinge in deinem Leben zu gewinnen. Entdecke, wie du dein Unternehmen in einen Selbstläufer verwandelst, der ohne dein ständiges Eingreifen funktioniert.

»Erfolg und Verantwortung bedingen einander auf vielfältige Weise. Sie sind wie Zwillinge, die nur vollständig scheinen, wenn sie gemeinsam auftreten.«

Udo Gast
Erfolg braucht Verantwortung
Betriebswirtschaft hat abgewirtschaftet
288 Seiten
Mentoren-Media-Verlag
ISBN: 978-3-98641-038-4
€ 24,95 [DE]

In den letzten Jahren stellen Unternehmer immer wieder fest, wie verwundbar sie sind und wie schlecht sie sich auf Ausnahmesituationen vorbereitet haben. Umsätze gehen zurück, Mitarbeiter verlieren ihren Job und damit ihre Existenzgrundlage. Der gewohnte Erfolg bleibt aus. Andererseits zögern viele Menschen aber auch, sich auf das Abenteuer Selbstständigkeit einzulassen. Der zentrale Aspekt für persönlichen und unternehmerischen Erfolg ist das Thema »Verantwortung«.

Doch wo beginnen Sie mit Veränderungen und wie gehen Sie dabei konkret vor? Zahlreiche Beispiele aus der Unternehmerpraxis, Checklisten und Arbeitsblätter unterstützen Sie bei der Umsetzung. Aus zahlreichen Interviews mit erfolgreichen Persönlichkeiten sind die wertvollsten Erkenntnisse miteingeflossen.

»Es stellt sich an dieser Stelle die Frage, ob die menschliche Spezies grundsätzlich nach dem Prinzip ›Entweder ich oder die anderen‹ funktioniert. Waren wir schon immer so egoistisch, ohne Rücksicht auf unsere Mitmenschen, oder ist das ein unvermeidlicher Entwicklungsschritt in unserer modernen Welt?«

Jürgen Wulff
Die Welt ist kein Planschbecken
Überleben unter Erwachsenen
288 Seiten
Mentoren-Media-Verlag
ISBN: 978-3-98641-048-3
€ 24,95 [DE]

Die Welt ist nicht immer so freundlich, wie wir es uns wünschen oder wie sie manchmal erscheint. Sie ist kein harmloses Planschbecken, bei dem das Schlimmste, was Ihnen passieren kann, ein paar Spritzer kaltes Wasser sind. Hinter einem höflichen Lächeln oder einem scheinbar hilfsbereiten Angebot verbirgt sich oft ein Kampf um Einfluss, Macht, Geld, Beziehungen, Image und Zeit. Hier wird ohne Zögern getrickst, gelogen, manipuliert, die Wahrheit verdreht oder sogar gedroht und bestraft. Aber bedeutet das, dass Sie in diese harte Arena einsteigen und genauso rücksichtslos kämpfen müssen, um Ihre Ziele zu erreichen? Ganz sicher nicht.

Jürgen Wulff zeigt Ihnen, wie Sie die Spiele der Erwachsenen durchschauen und Ihre eigenen Werte, Positionen und Rechte stärken. Anhand vieler praktischer Beispiele lernen Sie die besten Techniken und erprobte Strategien kennen, um in schwierigen Situationen souverän zu bestehen – ob in Konflikten mit Kollegen, als Kunde oder in Ihrem persönlichen Umfeld. Sie erfahren, wie Sie unangenehme Gesprächspartner elegant handhaben, sich in Auseinandersetzungen behaupten und unfaire Spielchen geschickt kontern. Dieses Buch ist Ihr Wegweiser, um für sich selbst einzustehen und sich nicht länger übervorteilen zu lassen.